Warmuth

•

Damit (Kunden-)Beziehungen gelingen

Dietmar P. Warmuth

Damit (Kunden-) Beziehungen gelingen

Durch (Verkaufs-)Gespräche Beziehungen aufbauen

Unter Mitarbeit von Christine Weiss

Linde
international

Bibliografische Information Der Deutschen Bibliothek

Die Deutsche Bibliothek verzeichnet diese Publikation in der Deutschen Nationalbibliografie; detaillierte bibliografische Daten sind im Internet über http://dnb.ddb.de abrufbar.

ISBN 3-7093-0074-6

Umschlag: AG MEDIA GmbH

1210 Wien, Scheydgasse 24, Tel.: 0043/1/24 630
www.lindeverlag.at

Druck: Hans Jentzsch & Co. GmbH., 1210 Wien, Scheydgasse 31

Dieses Buch ist den drei Frauen in meinem Leben gewidmet:

meiner Frau Veronika, die mich motiviert und mir durch Verständnis und großen persönlichen Einsatz die Atmosphäre für kreatives Arbeiten schafft;

meinen Töchtern Gloria und Julia, die mir Ansporn sind, meine Erfahrung und meine Werte immer wieder kritisch zu hinterfragen.

Inhalt

Lasst uns die Begriffe klären …

Für Sie wurde dieses Buch geschrieben

UM KLAR ZU SEHEN,
GENÜGT OFT EIN WECHSEL DER BLICKRICHTUNG.
ANTOINE DE SAINT-EXUPÉRY (1900 – 1944),
FRANZÖSISCHER ROMANCIER
UND ERZÄHLER

Für Sie und Ihren Traum von einem guten, harmonischen Leben wurde dieses Buch geschrieben.

Sie sind Arzt? Sie sind Beamter? Sie führen als Hausfrau und Mutter das Kleinunternehmen „Familie"?

Das spielt keine Rolle. Immer gelten dieselben Regeln für einen erfolgreichen Umgang mit Menschen – auf beruflicher wie auf privater Ebene.

Ihr Zusammenleben mit Ihrem Partner, Ihren Kindern und Ihren Freunden basiert auf den gleichen Grundlagen wie Ihre Beziehung zu Ihren Kunden. Dabei ist es gleichgültig, ob Sie als Vertreter eines verkaufenden Berufes Ihren Kunden auch als solchen bezeichnen oder ob Sie ihn „Patient", „Partei", „Gast", „Besucher", „Klient" oder einfach „Bürger" nennen.

Die berühmte Trennung zwischen Privat- und Berufsleben gibt es nicht, darf es nicht geben, wenn man vermeiden will, Schaden an Selbstwertgefühl und Integrität zu nehmen.

Verkauf durchdringt unser ganzes Leben! Dem Verkaufsberuf gebührt demnach auch ein besseres Image, als er es heute besitzt. Ziel dieses Buches ist es daher, dem Verkauf jenen Stellenwert einzuräumen, der ihm zukommt. In meinen vielen Verkaufsseminaren, die ein immer breiteres Publikum finden, arbeite ich mit den Teilnehmern daran, die Freude am Beruf zu vertiefen. Jeder Verkäufer soll erkennen, welch wichtige Funktionen er damit erfüllt. Genauso soll dieses Buch jeder Verkäuferin, jedem Verkäufer wieder den Mut und den Rückhalt geben, zum eigenen Beruf zu stehen und gerne zu bekennen: „Ja, ich bin Verkäufer – und zwar ein guter!"

Was immer Sie tun, welche Leistungen auch immer Sie erbringen – diese Leistungen müssen in angemessener Form beim Empfänger ankommen, sonst sind sie wertlos, ein reiner Energieverbrauch mit zweifelhaftem Nutzen.

So hat auch die Arbeit eines Arztes, eines Architekten oder Bankers ganz wesentlich mit Verkauf zu tun. Der Erfolg wird davon abhängen, ob diese Tatsache auch akzeptiert und umgesetzt wird.

Persönlicher Erfolg bedeutet vor allem Zufriedenheit und Ausgeglichenheit, ein stabiles Selbstwertgefühl und ein Sinnverständnis im eigenen Tun zu finden.

„Damit (Kunden-)Beziehungen gelingen" ist auch eine Einladung an Sie, Ihr Leben nach fairen Regeln des Miteinanders zu gestalten und zu begreifen, dass man nur das bekommen kann, was man zu geben bereit ist.

Hemmungslos ausgelebter Individualismus und nicht berücksichtigte Wünsche der Partner lassen die Scheidungsraten sprunghaft ansteigen. Bis zum Jahr 2010 wird erwartet, dass vier von fünf Ehen geschieden werden. Langjährige stabile Freundschaften sind die Ausnahme geworden.

Jeder von uns trägt das unsichtbare Schild vor sich her „Ich will wichtig sein, ich will geliebt werden". Und jeder ist ständig auf der Suche nach Anzeichen für die Erfüllung dieses dringenden Bedürfnisses. Dabei vergisst man ganz, dass jeder für sich seinen Beitrag dazu leisten muss, indem er oder sie dieses Gefühl der Wichtigkeit und Liebe anderen schenkt.

(Kunden-)Beziehungen werden durch gute Gespräche begründet. Und es sind wiederum gute Gespräche, die eine Beziehung wach und lebendig halten.

Folgen Sie mir bei diesen Überlegungen in den siebenundvierzig Gedanken dieses Buches. All das, was ein gutes (Verkaufs-)Gespräch ausmacht, wird in diesen Gedanken dargestellt – in Form leicht verdaulicher Happen. Jeder einzelne davon ist ein Denkanstoß zur praktischen Umsetzung und gibt Ihnen Raum für persönliche Notizen. Jeder dieser Gedanken ist auch eine Stufe zu einem reicheren Miteinander in privaten wie geschäftlichen Beziehungen auf der Treppe zu einer gelassenen Umsetzung Ihrer Wünsche und Ziele.

Selbst bei der Umsetzung der konstruktivsten Gedanken besteht ein „Restrisiko": Es wird immer wieder Menschen geben, bei denen man einfach nicht ankommt. Ausnahmen bestätigen die Regel! Doch nehmen Sie diese Sonderfälle als das, was sie sind: Ausnahmen – und lassen Sie sich nicht entmutigen.

Credo – woran ich glaube

Überzeugungen sind Krankheiten,
die durch Begeisterung übertragen werden.
*Siegfried Lenz (*1926),*
deutscher Erzähler und Hörspielautor

Sosehr ich in diesem Buch um Objektivität bemüht bin, sosehr spiegelt es dennoch meine Meinungen wider und ist es wie jedes ehrlich geschriebene Buch ein sehr persönliches Dokument.

Im Zentrum steht meine Überzeugung: Es ist richtig, alles, was man im Leben tut, ganz und gut zu tun. Leider bin ich in meiner langjährigen Tätigkeit als Marketingberater und Verkaufstrainer sehr vielen Menschen begegnet, die nicht dieser Ansicht waren. Damit haben diese Menschen sich der wichtigsten Quelle für Zufriedenheit und Energie beraubt: Sie haben sich selbst um den Erfolg gebracht, den ihnen die freundliche Zuwendung einer zufriedenen Umwelt geschenkt hätte.

Gleichzeitig beobachte ich, wie viel Zeit, Energie und auch Geld Menschen dafür aufwenden, um Ausgleich und Entspannung zu finden. Doch dort, wo sie ihnen frei Haus geliefert würden, nutzen sie diese nicht. Sie verspielen sie leichtfertig, weil sie durch Gedankenlosigkeit die Harmonie des Zusammenlebens und Zusammenarbeitens stören.

Wir sind soziale Wesen, wir leben mit unserer Umgebung. Wir haben auch unsere ganz persönlichen Träume. Das Bestreben muss daher sein, unsere Ziele nicht aus den Augen zu verlieren, andererseits unsere Umgebung darin bestmöglich einzubinden.

Das bedeutet auch einen lebenslangen Lernprozess, denn wir sind nie fertige Wesen. Das ist gut so. Lernen und Wachsen ist das Salz unseres Lebens. Selbstverständlich lerne auch ich aus jeder Begegnung, muss auch ich ständig bemüht sein, mein Wissen aus seinem passiven Schlummer herauszureißen und in aktives Handeln umzusetzen. Trainer sein heißt ja nicht, alles besser zu können. Denken Sie nur an die guten Sporttrainer: Sie waren selten selbst Weltspitze als Sportler, sie beherrschen jedoch das Instrumentarium des Perfektionierens am besten und können Hilfe geben, etwas richtig zu machen. Gerade weil ich weiß, wie weit der

Weg vom Wissen zum perfekten Umsetzen ist, will ich Sie ermutigen, sich an jedem Verbesserungsschritt zu erfreuen und die Energie aus einem gewonnenen Lächeln in weiteres Training zu investieren.

„Damit (Kunden-)Beziehungen gelingen" ist kein Buch für kurzfristige Abzocker. Dieses Buch ist für Menschen geschrieben, die langfristig gute Beziehungen zu ihrer Umwelt aufbauen und auch pflegen wollen. Ein „gutes Geschäft" – sei es nun im wirtschaftlichen oder auch persönlichen Bereich – ist dann gut, wenn beide Teile das Gefühl haben, dabei gewonnen zu haben.

Ich bin der Überzeugung, dass wir unsere Theorie des Nullsummenspiels* überwinden müssen, d.h. jene Vorstellung, dass man nur auf Kosten des anderen gewinnen kann, dass mein Plus nur durch das Minus des anderen ermöglicht wird und letztendlich die Summe Null ist. Diese Einstellung, deren Richtigkeit auch wissenschaftlich durch nichts fundiert ist, ist meiner Ansicht nach überholt und rückständig. Moderne Wirtschaft muss darauf aufgebaut sein, Win-Win-Situationen zu schaffen – Situationen, in denen beide Teile gewinnen. Nicht zuletzt deshalb, weil sich in der Vergangenheit immer wieder gezeigt hat, dass der Gedanke des Nullsummenspiels sich langfristig in eine Situation verkehrt, die beiden Teilen Verluste bringt.

Wenn Sie heute Ihre Kunden „über den Tisch ziehen", werden Sie langfristig verlieren, weil es immer weniger Kunden geben wird, die Sie hereinlegen können, das Ende somit schon programmiert ist.

Es wäre kurzsichtig, tagtäglich Ihren Vorteil auf Kosten Ihrer nächsten Mitmenschen zu suchen und auf deren Gefühlen herumzutrampeln. Nehmen Sie sich die Mühe, auch einmal darüber nachzudenken, welche Wünsche und Ziele Ihre nächste Umgebung hat, und wie Sie diese mit Ihren eigenen bestmöglich in Einklang bringen, um den anderen das Gefühl zu geben, daran einen positiven Anteil zu haben bzw. dabei zu gewinnen. Andernfalls werden Sie eines Tages die Hand nach einem Menschen ausstrecken, es wird jedoch niemand da sein, sie zu ergreifen.

Ich glaube daran, dass uns das Leben gegeben wurde, um es zu gestalten, und nicht, um es nur zu erleiden. Wir besitzen nicht nur die Macht und die

* Mit einem Sternchen gekennzeichnete Begriffe werden am Schluss des Buches erläutert.

Möglichkeit dazu, wir haben auch die Verpflichtung, es zu tun. Jedenfalls empfinde ich es als unzulässig, durch das Leben zu gehen und darüber zu jammern, was man alles nicht mitbekommen hat, was man alles erdulden muss, doch nicht den geringsten Versuch zu starten, es so einzurichten, wie man es gerne möchte.

Dies trifft gerade für menschliche Beziehungen zu. Eine Bindung zu anderen ist keine Einbahnstraße. Wenn Sie nicht bereit sind, etwas zu investieren, kann nichts daraus werden. Wenn Sie Freundlichkeit und Achtung von Ihrer Umwelt erfahren möchten, so müssen Sie Ihrer Umwelt mit Freundlichkeit und Achtung begegnen. Wenn Sie wollen, dass man auf Ihre Gefühle Rücksicht nimmt, werden Sie anfangen müssen, diese Rücksicht auch Ihrer Umgebung zukommen zu lassen.

Das Leben ist kein Tauschgeschäft und so wird es auch nicht eins zu eins funktionieren. Der Einsatz Ihrer Denk- und Liebesfähigkeit wird jedoch langfristig Früchte tragen und Ihnen immer wieder jene Momente schenken, für die es wert ist zu leben.

Auf diesen Überzeugungen baut dieses Buch auf.

47 Gedanken zu gewinnenden (Verkaufs-)Gesprächen

In den folgenden siebenundvierzig Gedanken erfahren Sie all das, was ein gutes (Verkaufs-)Gespräch ausmacht.

In jedem Gedanken wird ein Teilaspekt herausgelöst, von allen Seiten betrachtet und durch Beispiele verständlich dargestellt. Jeder dieser Gedanken ist ein leicht verdaulicher Happen und regt an, unmittelbar ins tägliche Leben umgesetzt zu werden. Als zusätzliche Motivation erhalten Sie im Anschluss an jedes Kapitel gezielte Anregungen zur „Umsetzung des Gedankens", wie Sie Ihr Verhalten in diesem Teilaspekt perfektionieren können. Am Kapitelschluss finden Sie zusätzlich Raum für persönliche Notizen.

Ein gutes Gespräch ist ein Gesamtkunstwerk. Deshalb werden Sie trotz der methodisch notwendigen Zerlegung eines Gesprächs in einzelne Überlegungen immer wieder den Hinweis erhalten, wie sehr diese Teilbereiche ineinander greifen und einander beeinflussen.

Mögen Ihnen viele solcher Gesamtkunstwerke gelingen!

1 Alles Leben ist Verkauf

DER BEGINN DER WEISHEIT IST DIE DEFINITION DER BEGRIFFE.
SOKRATES (470 – 399 V. CHR.),
GRIECHISCHER PHILOSOPH

Alles, was Sie im Leben erreichen wollen, ist im Grunde genommen ein Verkaufsgespräch. Eine überzogene Behauptung? Lassen Sie mich Ihnen diese Feststellung beweisen!

Im Mittelpunkt aller Verkaufsbemühungen steht ein „Angebot", sei es nun eine Ware, eine Dienstleistung oder auch eine Idee, die Sie an einen Interessenten bzw. potenziellen Abnehmer weitergeben, weiter vermitteln möchten.

Wenn Sie Interesse dafür wecken wollen, muss sich der Abnehmer von diesem Angebot einen Nutzen versprechen. Die gegenüberstehenden Pole sind also hier Ihr Angebot und dort die Nutzenvorstellung eines möglichen Käufers. Kommunikation stellt die Brücke zwischen diesen beiden Polen her. Verkauf ist vor allem ein Kommunikationsvorgang.

Wenn Sie Erfolg im Verkauf haben wollen, müssen Sie die Fähigkeit besitzen, diesen Kommunikationsvorgang effektiv zu gestalten.

Die Eckpunkte „Fähigkeit", „Angebot" und „Nutzen" bestimmen demnach die Definition von „Verkauf":

Verkaufen ist die *Fähigkeit*, anderen Menschen zu helfen, den *Nutzen* Ihres *Angebotes* für sich selbst zu erkennen.

Die Notwendigkeit, den Nutzen Ihres Angebotes für einen potenziellen Interessenten erkennbar zu machen, durchzieht das ganze Leben, das sich in einer Gemeinschaft mit anderen abspielt.

Immer wollen Sie sich, Ihre Werte, Ihre Überzeugungen, Ihre Wünsche und Sehnsüchte verkaufen – sei es aus selbstsüchtigen Motiven oder auch, um andere glücklich zu sehen. Ihr Motiv macht keinen Unterschied. Immer sind die Gesetze eines erfolgreichen Verkaufsgesprächs zu beachten.

Der Preis, den Sie für Ihr wertvolles Angebot erhalten wollen, ist in weiten Bereichen des Lebens jedoch nicht finanzieller Natur:

- Wenn Sie erobern wollen, wollen Sie dem anderen helfen zu erkennen, wie liebenswert Sie sind, und dafür seine/ihre Aufmerksamkeit und Zuwendung geschenkt bekommen.
- In der Erziehung wollen Sie Ihren Kindern Ihre Werte, Ihre Erfahrungen vermitteln, um sie für das Leben in unserer Gesellschaft optimal zu rüsten und sie einmal glücklich zu sehen.
- Wenn Sie sich um eine berufliche Position bewerben, wollen Sie den zukünftigen Arbeitgeber davon überzeugen, dass Ihre Leistungen das geforderte Gehalt wert sein werden.

Welchen Beruf Sie auch ausüben, immer sind Sie auf das erfolgreiche Zusammenwirken mit anderen angewiesen,

- Sie sind Arzt? Dann müssen Sie Ihrem Patienten Ihre Therapieempfehlung „verkaufen", damit er sie auch befolgt. Wenn es Ihnen gleichgültig ist, ob der Patient die Empfehlungen befolgt oder nicht, haben Sie Ihre Berufung missverstanden. Ohne geheilte Patienten werden Sie kein erfolgreicher Arzt!
- Sie arbeiten in einem Pflegeberuf? Erst wenn Ihr Patient bzw. Pflegling den Nutzen Ihrer Leistung erkennt und aktiv mitwirkt, wird Ihr Einsatz sinnvoll und erfolgreich werden.
- Sie sind Banker? Dann gilt es, Ihren Kunden von der beiderseitigen Abhängigkeit von ehrlicher und vollständiger Information zu überzeugen, damit er Ihre Bank nicht als Gegner missversteht und eine Partnerschaft unmöglich wird.
- Sie sind Servicetechniker? Dann ist Ihre Arbeit nicht allein damit getan, dass das Gerät wieder funktioniert. Sie müssen Ihrem Kunden die Notwendigkeit Ihres Einsatzes begreiflich machen. Schließlich schaffen Sie aus seiner Sicht keinen zusätzlichen Wert, sondern stellen nur einen gewohnten Zustand wieder her.
- Sie sind Rezeptionist in einem Hotel? Wenn Sie nicht nach den Bedürfnissen jedes einzelnen Gastes fragen, werden Sie ihn nicht gezielt auf alle jene Möglichkeiten hinweisen können, die seinen Aufenthalt zum Erlebnis machen und ihn zum Wiederkommen veranlassen.
- Sie sind Lehrer? Dann müssen Sie Ihren Schülern den Nutzen Ihres Bildungsangebotes vermitteln, um Ihrer Lehraufgabe überhaupt gerecht werden zu können.
- Sie sind Polizist? Auch Sie werden Ihre Aufgabe leichter bewältigen, wenn es Ihnen gelingt, die Notwendigkeit Ihres Tuns zu vermitteln.

Sie sind kein Arzt, kein Polizist, kein Servicetechniker?

Denken Sie an Ihre Kunden, an die Menschen, mit denen Sie tagtäglich zusammenkommen, um Gemeinsames zu schaffen – und seien es gesellige Stunden.

Was suchen Ihre Kunden, diese Menschen bei Ihnen? Wie helfen Sie Ihren Gesprächspartnern, den Nutzen Ihres Angebotes für sich zu erkennen? Wie können Sie beispielsweise Ihrer Tochter „verkaufen", dass sie die Schule abschließen und das Abitur machen soll? Worin kann der Wert des Abiturs für Ihre Tochter liegen – warum sollte sie? Vergessen Sie Ihren Stolz und Ihre Besorgnis. Blicken Sie einmal mit den Augen Ihres Kindes in diese Welt, dann werden Sie die Vorteile aus seiner Sicht erkennen und argumentieren können.

Die Umsetzung des Gedankens

Der Verkauf durchzieht alle Situationen Ihres Lebens:

In der Beziehung zu Ihrem Partner, Ihren Freunden, Ihren Kindern, Ihren Vorgesetzten, Kollegen, Kunden, wenn Sie etwas bei einer Behörde erreichen wollen, wenn Sie Ihre Vereinsmitglieder von etwas überzeugen oder aktivieren wollen, wenn Sie von Ihrer Bank einen Kredit haben wollen, wenn Sie die Unterstützung Ihres Versicherungsvertreters bei einer Schadensregulierung ausreizen wollen.

Erinnern Sie sich an die Definition: „Verkaufen ist die Fähigkeit, anderen Menschen zu helfen, den Nutzen Ihres Angebotes für sich selbst zu erkennen."

Sie wollen für sich etwas erreichen – was jedoch ist der Nutzen dabei für den anderen? Darüber nachzudenken und eine befriedigende Antwort zu finden – hier liegt der Knackpunkt jedes Verkaufserfolges!

Warum sollte der Beamte Ihrem Anliegen entsprechen: weil es ihm das gute Gefühl gibt, mit seiner Arbeit etwas Sinn- und Wertvolles zu leisten? Weil er Sie dafür belohnen will, dass er sich ernst genommen und wichtig fühlt? Weil Sie ihm die positive Begründung, Ihrem Antrag stattzugeben, schon mitliefern und er sich somit jede weitere Arbeit erspart? Es wird vom Naturell und der persönlichen Auffassung seines Berufes abhängen, womit Sie Erfolg haben: Wo liegt sein Nutzen?

Spinnen Sie diesen Gedanken nun weiter fort: Worin kann der Nutzen für den Filialvorstand Ihrer Bank liegen, Ihnen den gewünschten Kredit zu geben? Was kann Ihr Versicherungsvertreter für sich persönlich ableiten, wenn er Ihnen hilft, Ihren Schaden bei seiner Versicherung kulantest behandelt zu bekommen?

Zählen Sie, wie viele Male am Tag Sie in diesem Sinne ein (Verkaufs-)-Gespräch führen – mit mehr oder weniger Erfolg?

2 Ich will um meiner selbst willen geliebt werden

SEI DER DU BIST, NICHT MEHR, NICHT WENIGER, ABER DER SEI!
PETER ALTENBERG (1859 – 1919),
ÖSTERREICHISCHER SCHRIFTSTELLER

Wenn ich meine Überlegungen zu „Alles Leben ist Verkauf" in Seminaren darstelle, kommt häufig der Einwand: „Aber das ist doch schrecklich, ich möchte doch um meiner selbst willen geliebt werden und nicht, weil ich mich gut ‚verkauft' habe."

Dieser Anspruch ist legitim. Nur – was ist unser „Selbst"?

- Unsere Rücksichtnahme und unser Eingehen auf den Partner, unsere Bereitschaft, uns mit seinen Wünschen und Visionen auseinander zu setzen und darüber zu sprechen, ihn wichtig und ernst zu nehmen, unsere Fähigkeit, seine positiven Seiten zu sehen und ihm das zu geben, was er sich wünscht?
- Oder ist es die Summe aus Selbstsucht, gedankenloser Unfreundlichkeit und Unempfindlichkeit gegenüber den Gefühlen des Partners, ist es egozentrische Konzentration auf die eigenen Wünsche unter Missachtung der Persönlichkeit des anderen, das rücksichtslose Ausleben augenblicklicher Launen und Stimmungen?

Die Forderung an den Partner, um unserer selbst willen geliebt zu werden, ist oft nichts anderes als die egoistische Erwartung, dass man etwas bekommen kann, ohne entsprechendes geben zu müssen. Es bildet keinen Widerspruch zu Natürlichkeit und Spontaneität, wenn Sie sich Gedanken über den anderen machen, die eigenen positiven Seiten herauskehren, sich selbst, die eigenen Wünsche und Träume so darstellen, dass auch der andere sie versteht und sie ihm gefallen.

Es bedeutet, dass Sie Ihre Fähigkeit einsetzen, die Umgebung zu berücksichtigen, so dass Spontaneität nicht zur unbedachten Lieblosigkeit wird und Natürlichkeit nicht darin besteht, taktlos miteinander umzugehen. Jeder von uns versucht doch täglich, sich mit mehr oder weniger geeigneten Mitteln gut zu verkaufen. Wir kaufen Designer-Jeans, weil diese einen wichtigen Blickfang für das andere Geschlecht besser modellieren. Deodorants und Parfums sollen uns helfen, von anderen gern gerochen zu werden, teurer bzw. erlesener Schmuck soll signalisieren, dass wir im Leben einiges erreicht haben und dementsprechend auch einiges zu bieten haben. Es werden Schuhe getragen, die weniger der gesunden Fortbewegung dienen als einen gekonnten Hüftschwung unterstützen; und bei jeder sich bietenden Gelegenheit werden diese Schuhe dann ausgezogen, damit sich die Füße wieder erholen können.

Das alles sind gerechtfertigte und erlaubte Kampfmittel im täglichen Ringen um Aufmerksamkeit und Wichtigkeit innerhalb unserer Umwelt? Dem Einsatz unseres Intellekts hingegen, um uns sympathisch und liebenswert zu zeigen, stehen wir misstrauisch und ablehnend gegenüber?

Wenn wir geliebt werden wollen, dann müssen wir für den anderen auch „liebenswert" sein. Warum sollte jemand sich die Mühe machen, die liebenswerten Seiten an uns zu entdecken, wenn es uns selbst nicht der Mühe wert ist, unsere besten Seiten zu leben und den anderen mit Respekt und Anteilnahme zu behandeln?

An dieser Stelle kommen von meinen Seminarteilnehmern häufig Kommentare wie: „... so bin ich eben ..." oder „... ich erziehe sie/ihn mir schon ...". Darauf muss ich die ungemütliche Frage stellen: „Haben Sie sich auch so verkauft?" Hand aufs Herz! In der Werbephase wissen wir meistens ganz genau, wie wir unseren Wert an das Objekt unserer Sehnsucht herantragen: Wir gehen gemeinsam ins Theater, auf den Fußballplatz, tanzen. „Instinktiv" scheinen wir die Grundsätze des Verkaufs zu beherrschen und gehen gekonnt auf die Wünsche des Partners ein. Später scheint dies alles entbehrlich.

Ein Seminarteilnehmer verteidigte vehement seine Einstellung: „Alles Unsinn! Sie nimmt mich, wie ich bin!" Am siebenten Seminarabend fehlte er. Seine Lebensgefährtin hatte ihn mit ihrem gemeinsamen Kind verlassen, und für ihn war eine Welt zusammengebrochen. Sicherlich hatte auch er sich einst anders „verkauft" und seine Partnerin brachte nun ihre „Reklamation" ein.

Erwarten wir diese kritiklose Selbstverständlichkeit nicht auch von Stammkunden, wenn wir glauben, um ihre Gunst nicht mehr werben zu müssen, und ihre Treue mit Nachlässigkeit belohnen? Belanglose Äußerlichkeiten wie ein Glas Sekt sind schnell bei der Hand und in der Kommunikation werden wir schlampiger. Wir wissen ja schon alles von der Kundin, warum also noch fragen und hinhören?

„Liebe mich so, wie ich bin!“ Darin drückt sich unsere tiefste Sehnsucht und unser aller existenzielles Bedürfnis nach bedingungsloser Bestätigung durch den anderen aus: „So, wie du bist, bist du in Ordnung!“

Das steht nicht im Widerspruch zu „Alles Leben ist Verkauf“. Unser Freund aus dem Seminar hatte nur vergessen, dass seine Lebensgefährtin das gleiche verständliche Verlangen im Herzen trug und sich nach Zeugnissen seiner Wertschätzung und seiner liebevollen Akzeptanz ihrer Einzigartigkeit sehnte.

Jeder Mensch ist ein sehr komplexes Wesen, beladen mit Instinkten und Gefühlen, die im Lauf der Evolution im Dienste des Überlebens der Spezies Mensch entwickelt wurden. Hierher gehört z.B. unser vielfältiges Aggressionspotenzial, das so gar nicht mehr in unser strukturiertes Gemeinschaftsleben passt. Daneben findet jeder auch andere nicht gerade „liebenswerte“ Facetten in seinem Wesen, die weder ihm noch seiner Umwelt das Leben leichter machen. Diese negativen Seiten unseres Wesens müssen wir ja nicht gerade kultivieren. Besser lernen wir, damit angemessen umzugehen und sie nicht zu quälenden Hypotheken im täglichen Zusammenleben anwachsen zu lassen.

Beispielsweise entwickelt sich in Situationen der Unsicherheit ganz automatisch Aggression in uns und wir sind auf Angriff programmiert. Dieses entwicklungsgeschichtliche Relikt ist heute nicht einmal in Kriegssituationen mehr nützlich. Ganz im Gegenteil wird unsere Denkfähigkeit blockiert, und wir sagen und tun nicht selten Dinge, die uns im Nachhinein Leid tun. Dennoch ist es ein Teil unseres Selbst, mit dem jeder von uns fertig werden muss. Es ist so natürlich und ursprünglich wie unser Verdauungsvorgang, keineswegs aber gehört es zu jenem Ausdruck unseres Selbst, um dessentwillen wir geliebt werden wollen. Vielmehr ist es die – kreative, humorvolle, intelligente, rücksichtsvolle – Art und Weise damit umzugehen, die uns in den Augen unserer Umwelt Achtung und Respekt verschafft.

Die Umsetzung des Gedankens

Die Forderung, um seiner selbst willen geliebt zu werden, ist in unser Inneres eingemeißelt. Das ist grundsätzlich gut und richtig. Wichtig zu wissen ist, was dieses wahre Selbst ist, und zu lernen, es nach außen zu kehren.

Dazu müssen wir zuallererst für uns selbst definieren können: „Wer bin ich?" Das ist kein leichtes Unterfangen.

Erstens ist es eine Frage, der wir gerne aus dem Weg gehen, weil hier Wunschdenken auf Realität trifft. Und die Realität ist nicht immer so geartet, dass wir sie akzeptieren können.

Andererseits stellt sich die Frage: Wie kommen wir überhaupt unserem „wahren Selbst" näher? Wie ist es möglich, es aus den vielfältigen Verkleidungen herauszuschälen? Aus Verkleidungen, die wir durch Jahre hindurch aufgrund unserer Erfahrungen, aus Wunschdenken oder als Kompensation für erlittene Verletzungen und aus anderen Gründen um uns herum aufgebaut haben?

Die Identitätsfindung ist eine der Zentralfragen unseres Lebens. Sie thematisch zu erfassen würde den Rahmen dieses Buches sprengen. Wichtig ist, dass das Bewusstsein der eigenen Identität den Kernpunkt jeder weiteren Entwicklung darstellt.

Ein sinnvoller Weg der Auseinandersetzung mit uns selbst ist die Frage nach dem „Warum" unserer Handlungen und Reaktionen. Sie ist der Königsweg, uns selbst besser zu verstehen. Andererseits brauchen wir die Rückmeldung unserer Umwelt, brauchen wir den Spiegel, den sie uns vorhält.

Nehmen Sie Papier und Bleistift und schreiben Sie wenigstens zehn Antworten auf die Frage: „Wer bin ich?" – als Ehemann, als Geliebte, Partner, Freundin? Charakterisieren Sie sich möglichst genau. Sind Sie eine liebevolle, strenge, gluckenhafte, nachgiebige, ehrgeizige, ängstliche Mutter? Ein verständnisvoller Vater? Geben Sie sich nicht schnell ein oberflächliches Etikett – suchen Sie nach einer wirklich treffenden Kennzeichnung Ihrer Persönlichkeit.

Aus der Konfrontation der Antworten auf die Fragen „Wie sehen mich die anderen?" und „Wie sehe ich mich selbst?" kann jeder von uns sich dem blinden Fleck seines eigentlichen Selbst annähern.

Wagen Sie, die Fragen „Wie siehst du mich? Wie wirke ich auf dich?" Menschen zu stellen, denen Sie eine kompetente Meinung dazu zutrauen. Getrauen Sie sich, nach dem „Warum siehst du mich so?" zu fra-

gen. Lernen Sie diese Rückmeldung mit ausreichender Distanz zu analysieren und daraus für sich selbst Erklärungsansätze für Ihre eigene Frage „Warum verhalte ich mich so? Warum empfinde ich so?“ abzuleiten.

Schritt für Schritt werden Sie einer faszinierenden, komplexen Persönlichkeit näher kommen – nämlich Ihrem Selbst. Mit dem Wissen um Ihr wahres Selbst stellt sich für Sie die Aufgabe, sich auch so anzunehmen, wie Sie sind. Es wird angenehm sein, sich an Stärken und Positivem zu freuen. Sie müssen jedoch auch Schwächen und persönlich als negativ empfundene Seiten akzeptieren. Wenn Sie sie ändern können, dann arbeiten Sie daran mit Elan, wenn nicht, söhnen Sie sich damit aus.

Vielleicht müssen Sie erkennen, dass Sie sich selbst bisher getäuscht haben, weil Sie mit viel Aufwand eine Wunschfassade poliert und bemalt haben. Oft kennen die uns nahe stehenden Menschen uns besser als wir selbst.

In dem Maße, in dem Sie in der Lage sind, sich selbst so anzunehmen, wie Sie sich erkannt haben, werden Sie imstande sein, Ihr Selbst zu leben und dieses Ihrer Umwelt gegenüber zum Ausdruck zu bringen. Dann – und nur dann – haben Sie die Chance, wirklich um Ihrer selbst willen geliebt zu werden.

3 Das Märchen von der Trennung zwischen Privatleben und Beruf

SUCH DIR EINEN BERUF, DER SPASS MACHT,
DANN BRAUCHST DU DEIN GANZES LEBEN
KEINEN EINZIGEN TAG ZU ARBEITEN.
SPRICHWORT

„Beruf und Privatleben sind zwei Paar Schuhe!" ist noch immer das gängigste Vorurteil. Räumlich und zeitlich mag das für viele immer noch stimmen, wenngleich z.B. Telearbeit auch diese Trennungslinien verwischt.

Wenn die postulierte Trennung zwischen Privatleben und Beruf sich auf unterschiedliches Verhalten und differenzierte Einstellungen bezieht, wird sie zum persönlichen Integritäts-Problem: Wir sind keine gespaltenen Persönlichkeiten, die nach unterschiedlichen Wertvorstellungen in Berufs- und Privatleben agieren können.

Wir haben Integrität (moralische Makellosigkeit), wenn unser Verhalten mit unseren Wertvorstellungen übereinstimmt, wenn unsere Ideale in Einklang mit unserem Handeln stehen – und dabei macht es keinen Unterschied, wo wir uns gerade befinden und mit wem wir es zu tun haben.

Kollidiert Ihr Handeln mit den von Ihnen vertretenen Werten, dann handeln Sie Ihren eigenen Urteilen zuwider und verraten Ihren Verstand.

Wenn Ihr Selbstkonzept von Ihnen fordert, ehrlich, zuverlässig und vertrauenswürdig zu sein, dann müssen Sie dieses Selbstkonzept leben – im Berufs- wie im Privatleben. Tun Sie es nicht, dann verlieren Sie vor sich selbst das Gesicht und Sie bekommen Probleme mit Ihrer Selbstachtung. Wird Ihnen eine Strategie unterschiedlicher Wertvorstellungen in Berufs- und Privatleben zur Gewohnheit, dann verlieren Sie mehr und mehr das Vertrauen zu sich selbst und schädigen damit Ihr Selbstgefühl.

Persönliche Integrität ist eine wichtige Säule Ihres Selbstbewusstseins. Der negativen Meinung anderer Menschen können Sie sich entziehen, indem Sie den Kontakt zu diesen Menschen abbrechen. Vor Ihrem Gewissen, Ihrem eigenen Urteil über sich selbst können Sie jedoch nicht davonlaufen.

Die meisten Fragen, die sich Ihnen auf der Ebene der Integrität stellen, sind keine weltbewegenden Grundsatzfragen. Sie haben tagtäglich viele kleine Entscheidungen zu treffen, die in Summe nachdrückliche Folgen für Ihr Selbstwertgefühl haben. Wir unterschätzen zumeist, welche Konsequenzen auch die kleinste Unehrlichkeit haben kann. Wenn Sie von Ihren Kindern Ehrlichkeit verlangen, dann dürfen Sie Ihrem Sohn an der Skiliftkasse nicht zuraunen: „Sag, dass du jünger als 14 Jahre bist!"

Auch wenn es manchmal bequem wäre, keiner von uns hat einen Schalter, mit dem wir wahlweise von „beruflich" auf „privat" umstellen können. Jeder schleppt Erfahrungen und Belastungen aus beiden Bereichen seines Lebens mit sich und kann sie nicht einfach ausklammern oder gar verleugnen, wenn sie nicht ins Konzept passen.

Warum begegnet man doch immer wieder Menschen, die sich beruflich und privat so diametral unterschiedlich verhalten? Meist geschieht dies aufgrund bestimmter Rollenvorstellungen. Um Erfolg zu haben, glauben wir, uns auf eine bestimmte Weise verhalten zu müssen, und schlüpfen in eine Rolle. Meist geschieht dies, ohne über die Ursachen nachzudenken. Wie mittelmäßige Schauspieler spulen wir den Rollentext mehr oder weniger auswendig herunter. Kein Wunder, wenn wir uns dabei fremd fühlen und unseren Beruf als notwendiges Übel ertragen und auf die Pensionierung warten.

Ein Beispiel ist der sanfte, rücksichtsvolle Familienvater. Er genießt es, dass seine Familie stolz auf ihn ist: Er freut sich über die finanziellen Möglichkeiten, seine Familie zu verwöhnen, die ihm sein beruflicher Erfolg beschert. Um sich auf der Karriereleiter zu halten, ist er jedoch gezwungen, rücksichtslos über die Interessen seiner Kollegen hinweg zu agieren. Eines Tages landet er mit einem „Nervenzusammenbruch" im Spital. Doch es ist nicht Überarbeitung, sondern der psychische Raubbau, der ihn krank gemacht hat. Mögen wir noch so laut den protzigen Spruch vor uns hertragen: „Der Zweck heiligt die Mittel!" unser Unbewusstes* lässt sich davon nur kurzzeitig betäuben.

Es gibt jedoch auch den umgekehrten Fall. Dann setzen wir im Berufsleben Werte um, die wir in unserer nächsten Umgebung vernachlässigen wie z.B. Freundlichkeit, Gefälligkeiten, Rücksichtnahme. Gründe dafür gibt es viele: sei es, dass wir persönlich von anderen oftmals verletzt wurden und uns in der Folge eine ungefällige, raue Schale zugelegt haben, sei es, dass wir befürchten, bei zu großer persönlicher Nähe ausgenützt zu werden.

Hier ein gar nicht so seltenes Beispiel dafür, das sich aus dem Umbruch des Rollenverständnisses von Mann und Frau ergeben kann: Karin ist eine sehr selbstständige junge Frau, die sich im Beruf erfolgreich zu behaupten weiß. Ihre große Liebe gilt einem sensiblen Künstler, einem hochintelligenten, aber lebensuntüchtigen Menschen. Um seinem Ideal des anschmiegsamen Mädchens zu entsprechen und ihn seine eigene Schwäche nicht spüren zu lassen, schlüpft sie ihm zuliebe in die Rolle der Unterlegenen, schaut bewundernd zu ihm auf und überlässt ihm die Entscheidungen auch für ihr Leben. Das selbst auferlegte Doppelleben fordert seinen Tribut: Eines Tages steht sie vor den Trümmern ihrer Karriere und auch ihre Ehe ist am Ende.

Je mehr die Trennungslinie verschwindet und Sie sich gestatten, ein durchgehend authentisches* Leben zu führen, umso wohler werden Sie sich in dieser Welt und in Ihrer Haut fühlen.

Damit kein Missverständnis aufkommt: Das hier angesprochene „Rollenverhalten" hat nichts mit einem rein situativ angepassten Verhalten zu tun, das sinnvoll und richtig ist. Wir schaffen uns unterschiedliche Lebenssituationen, die verschiedene Seiten unserer komplexen Persönlichkeit ansprechen und fordern. Das ist ein gesundes psychisches Training unserer Komplexität. Dafür schlüpfen wir immer wieder in Rollen und spielen Theater.

Es mag der treuen Ehefrau Spaß machen, in ein gewagtes Kleid zu schlüpfen und für einen Abend den verruchten Vamp zu spielen. Sie kann dabei nach Herzenslust tändeln und flirten. Solange sie ihre ganz persönlichen Grenzen dabei nicht überschreitet, wird dieser Abend als heitere Erinnerung ihr Selbstwertgefühl unterstützen.

Nur wenn wir uns – aus welchen Gründen auch immer – in eine unerwünschte Rolle zwingen lassen, verletzt dieser Verrat an Werten und Authentizität unser Selbstbild.

Die Umsetzung des Gedankens

Wie halten Sie es mit einer Trennung von Berufs- und Privatleben – aus der Sicht Ihrer Wünsche und Werte?

Nehmen Sie den Weg zu Ihrer persönlichen Integrität ernst! Denken Sie darüber nach, in welchen Bereichen Ihres Lebens Sie sich nicht entsprechend Ihren Werten und Wünschen verhalten – aus welchen Gründen auch immer. Wo glauben Sie, Abstriche machen zu können und müssen letztendlich erkennen, dass es Ihnen eigentlich nicht gut tut?

Schreiben Sie auf, was Sie tun müssten, um sich im Berufs- und Privatleben frei zu fühlen, um wirklich ganz Sie selbst zu sein.

Wo spielen Sie lediglich eine ungeliebte Rolle?

Wo setzen Sie eine Maske auf, die langfristig Ihre Seele erstickt?

Wehren Sie nicht ab: „Das muss so sein, das wird mir aufgezwungen!“ Es ist Ihr Leben!

Machen Sie den ersten Schritt: Geben Sie sich selbst gegenüber zu, wo und in welchen Situationen Sie nicht Ihren Werten und Wünschen entsprechend leben.

Wenn Sie das geschafft haben, werden sich auch allmählich Ideen zur Veränderung einstellen.

4 Wie wirklich ist die Wirklichkeit?

EIN MANN KOMMT IN DEN HIMMEL UND TRIFFT DORT EINEN ALTEN FREUND, AUF DESSEN SCHOSS EIN DRALLES SÜSSES MÄDCHEN STRAMPELT. „WIE HIMMLISCH", SAGT DER NEUANGEKOMMENE, „IST SIE DEINE BELOHNUNG?" „NEIN", SAGT DER ALTE MANN TRAURIG, „ICH BIN IHRE STRAFE!"

*PAUL WATZLAWICK (*1921), PSYCHOTHERAPEUT*[1]

Die hübsche Einleitung zu diesem Kapitel aus Paul Watzlawicks Klassiker zum Thema Wirklichkeit und Kommunikation weist darauf hin, dass unsere „Wahrheiten" eine Frage des Standpunkts des Betrachters sind.

Es zeigt aber auch, dass vieles zwei Seiten hat und dass wir es sehr oft in der Hand haben, den Himmel oder die Hölle zu erleben. Der alte Mann ist traurig, weil er im Selbstmitleid darüber versinkt, dem süßen Mädel als Strafe auferlegt zu sein. Könnte es nicht auch so sein: „Nein, das leider nicht", sagt der alte Mann lachend, „aber es ist himmlisch, ihre Strafe zu sein!"

Das Problem so mancher Lebenssituation, die wir als Hölle empfinden, liegt eher in dem, was unsere Gedanken daraus machen. Womit wir beim Thema unseres Kapitels sind – dem Wahrnehmungsfilter, durch den wir die Welt sehen.

Es fängt damit an, dass die Komplexität unserer räumlichen Wahrnehmung so groß ist, dass die Weiterverarbeitung aller auf die Netzhaut unseres Auges auftreffenden Reize im Gehirn bereits selektiv erfolgt. Das Gehirn verarbeitet die auf die Netzhaut auftreffenden Informationen,

- indem es Informationen anderer Sinne (z.B. des Gleichgewichtssinnes) damit in Verbindung setzt,
- sie mit bisherigen Erfahrungen vergleicht und einordnet,
- sie durch Empfindungen und Gefühle bewertet,
- entsprechend der Tendenz zur Gestaltwahrnehmung* strukturiert, ja sogar ergänzt, d.h. Informationen hinzuschwindelt, denen gar kein Reiz auf der Netzhaut entspricht,

---

1 Aus: „Wie wirklich ist die Wirklichkeit" (München 1976), von wo ich auch den Titel für dieses Kapitel entlehnt habe.

- andererseits durch Erfahrung und Gefühle als unwichtig (oder auch unerwünscht!) abqualifizierte Details gar nicht ins Bewusstsein dringen lässt.

Das, was wir „sehen" – nunmehr im Sinne dessen, was zu unserem Bewusstsein durchdringt –, ist schließlich das Ergebnis aller dieser Vor-Verarbeitungen und Vor-Urteile.

Dieses Wahrnehmungsverfahren spielt sich bei sämtlichen unseren Sinneswahrnehmungen ab.

Wundert es Sie da noch, dass es häufig so große Differenzen in der Wahrnehmung ein und derselben Situation zwischen Ihnen und anderen gibt, dass Sie sich fragen: „War ich überhaupt auf derselben Hochzeit?"

Andererseits vergessen wir diesen Wahrnehmungsfilter oft und tun so, als würden wir exakt das Gleiche sehen, hören, riechen, schmecken, fühlen und daraus abgeleitet das Gleiche wollen und empfinden wie die Menschen um uns.

Sie erinnern sich an unsere Verkaufsdefinition:

„Verkaufen ist die *Fähigkeit*, anderen Menschen zu helfen, den *Nutzen* Ihres *Angebotes* für sich selbst zu erkennen."

Sie helfen Menschen jene Details Ihres Angebotes zu sehen, die ihnen von Nutzen sein können, weil wir nicht voraussetzen können, dass ihre Wahrnehmung auf diese Details gerichtet ist. Gerade innovative Produkte brauchen den engagierten Verkäufer, der sich die Mühe macht, den Entwicklungsvorsprung eines Produktes den Kunden nahe zu bringen.

Wir setzen beim Kunden voraus, dass er von selbst alle Vorteile eines Produktes wahrnimmt, und wundern uns, warum er uns den großartigen Artikel nicht gleich voll Begeisterung aus der Hand reißt, ohne dass wir lange Erläuterungen dazu geben müssen.

Aber auch im persönlichen Bereich gehen wir davon aus, dass unser Sohn sein unaufgeräumtes Zimmer mit denselben Augen sieht wie wir. Wir kanzeln die Tochter ab, weil sie einfach nicht sieht, wie scheußlich sie sich heute hergerichtet hat, und nicht versteht, dass wir sie so nicht fortgehen lassen wollen.

Wenn wir vom Gesprächspartner wünschen, dass er eine Situation so beurteilt wie wir – oder zumindest unsere Beurteilung versteht, so müssen wir zuallererst unsere verschiedenen Betrachtungsweisen der Situation abgleichen: Für Ihren Sohn ist sein Zimmer „geordnet“: die schmutzige Wäsche ruht auf dem Boden, die Bücher, Hefte, Zettel, die er benötigt, liegen in einer für ihn praktischen Anordnung herum, was sich alles auf seinem Bett abspielt, interessiert ihn im Augenblick nicht, weil er es aus seiner Wahrnehmung ausgeklinkt hat. Seine Welt ist „in Ordnung“ – das Einzige, was diese Ordnung bedroht, sind Sie mit Ihrem anders gearteten Ordnungssinn.

Ihre Tochter wiederum sieht sich mit anderen Augen als Sie: Für sie ist es wichtig, diese verrückte Frisur endlich so hingekriegt zu haben, dass die Kinnladen der Freundinnen einmal so richtig herunterfallen. Die in Ihren Augen schreckliche Zusammenstellung der Farben ihrer Kleidung kann sie (noch) nicht sehen. Es gibt keine Farben auf der Welt, sondern unsere Farbempfindungen entstehen erst im Gehirn aufgrund der Bewertung unserer Wahrnehmung. Harmonien sind erlernt und Geschmack ein Produkt unserer Erziehung. Wenn Sie ihr helfen, die Details so zu sehen wie Sie, und sich gleichzeitig bemühen, ihre Sichtweise nachzuempfinden, dann werden Sie zu einem annehmbaren Kompromiss kommen. Ihrer beider Blickwinkel wird sich dadurch erweitern.

Erfahrung ist verstandene Wahrnehmung, meinte der deutsche Philosoph Immanuel Kant. Das ist die eine Richtung: Wir ziehen aus der analysierten und verarbeiteten Wahrnehmung unsere Erfahrung. Die andere Seite ist die – Sie wissen jetzt schon, wo die Gefahr schlummert –, dass die Erfahrung beginnt, unsere Wahrnehmung zu filtern: Wir sehen verstärkt, was wir zu sehen erwarten.

„Die Art von Kunden kennen ich“, denken Sie und steuern ganz automatisch das Gespräch in eine Richtung, weil sie aus den Antworten das herausfiltern, was Ihrem Vorurteil entspricht. Im besten Fall erkennen Sie noch rechtzeitig, „Halt, diesen Menschen habe ich vollkommen falsch eingeschätzt.“

Wissenschaftler haben auch Humor. So inszenierte der eingangs zitierte Paul Watzlawick, selbst ein renommierter Psychotherapeut, ein besonders hübsches Beispiel: Zwei einander unbekannten Kollegen machte er weis, dass jeweils der andere Gesprächspartner Patient sei und an der besonderen Zwangsvorstellung litte, ein bekannter Psychiater zu sein. Damit hatte er in beiden den Wahrnehmungsfilter „Patient mit Wahnvorstellungen“

eingeschaltet, der ja dadurch bestärkt wurde, dass sich beide einander als Psychiater vorstellten. Nach langem Gespräch, in dem beide versuchten, einander zu therapieren, flog der Schwindel lediglich durch einen Zufall auf: Einer der beiden erkannte plötzlich den Namen seines Gesprächspartners als den eines von ihm bewunderten Fachautors. Erst ab diesem Moment des Zweifels war es ihm möglich, durch ein paar Fragen die Wahrheit zu erkennen.

Die Umsetzung des Gedankens

Halten Sie die Erinnerung an den immer vorhandenen Wahrnehmungsfilter wach – nicht nur für den Fall auftretender Differenzen.

Erkunden Sie vorsorglich den Standpunkt Ihres Gesprächspartners. Lassen Sie ihn erklären, warum er etwas so sieht und nicht anders, bevor Sie mit ihm darüber streiten.

Gewöhnen Sie sich auch an, Ihre Sichtweise darzulegen und mit der Beurteilung einer Situation auch die Gründe mitzuliefern, warum Sie es so sehen und nicht anders. Damit stellt sich für Sie natürlich die Notwendigkeit, sich selbst über Ihren Standpunkt klar zu werden:

Welche Erfahrungen prägen Ihre Sichtweise?

Welche Gefühle sind für Sie charakteristisch bzw. bestimmen die Bewertung Ihrer Wahrnehmungen?

Was sind die Tabus in Ihrem Leben – wovor verschließen Sie gerne Ihre Augen (und übrigen Sinne)?

Kurz: Erkennen Sie Ihre Wahrnehmungsfilter!

5 Erfolgreich verkaufen ist wie Leistungssport

JEDER HAT DIE EINE ODER ANDERE BEGABUNG.
UND JEDER KANN DARAUS ETWAS MACHEN,
INDEM ER SIE WIE EINEN MUSKEL TRAINIERT.
JE ÖFTER MAN DEN MUSKEL BEWEGT,
UMSO KRÄFTIGER WIRD ER.
HANS MOSER (1880 – 1964),
ÖSTERREICHISCHER SCHAUSPIELER

Alles, was wir an Kenntnissen und Fähigkeiten erwerben, verflacht nach einiger Zeit, wenn wir nicht weiterhin daran arbeiten. Das gilt auch im Verkauf.

Sie widersprechen? Einmal gelernt, kann man es für den Rest seines Lebens, meinen Sie?

Folgen Sie mir bei einem Beispiel:

Sie benutzen Ihr Auto täglich. Sie fahren zur Arbeit, einkaufen oder um die Orte Ihrer Freizeitbeschäftigung anzusteuern. Damit verbringen Sie im Minimum täglich eine Stunde im Auto. Sie sind ein geübter Autofahrer und finden sich im täglichen Normalverkehr gut zurecht. Wenn nun besondere Fahrkenntnisse gefordert sind, weil man Sie z.B. einlädt, an einer Rallye teilzunehmen, die hohe Anforderungen an die Beherrschung des Fahrzeugs stellt, dann wird Ihnen zu Bewusstsein kommen, dass Ihnen doch noch einiges an Erfahrung und vor allem eben Training fehlt.

Und so finden Sie in Fahrtrainings-Zentren viele Autofahrer, die es eigentlich können sollten: Manager, die 100.000 Kilometer im Jahr auf Achse sind, Berufsfahrer und auch Rallye-Spezialisten. Weil sie viel fahren und vom Autofahren auch einiges verstehen, wissen gerade sie, wie wichtig es ist, Ausnahmesituationen zu üben und ganz allgemein die Sicherheit durch ständiges Feilen an ihrem Können zu erhöhen.

Bei vielen Sportarten können Sie relativ leicht ein Stadium mittelmäßiger Beherrschung erreichen und diese Sportart dann recht und schlecht ausüben. Wenn Sie über dieses Maß hinauswollen, werden Sie trainieren müssen. Häufiges Ausüben wird nicht genug sein, sondern Sie werden gezielt die Möglichkeiten zur Perfektionierung suchen müssen: Schwächen entdecken und Stärken analysieren; z.B. beim Tennisspielen von einer falschen Lauftechnik zum richtigen Bewegungsablauf schrittweise umlernen oder eine schwache Rückhand durch eine richtige Stellung zum Ball und eventuelle Kräftigung der Armmuskulatur verbessern.

Zugegeben, nicht jeder kann ein Boris Becker oder eine Steffi Graf werden, doch jeder kann sich bis zu seiner persönlichen Latte, zu seiner persönlichen Spitzenleistung steigern. Dazu muss man sich der Trainingsmethoden der Spitzensportler bedienen:

Der Tennistrainer wird sich zuallererst Ihr Sportgerät ansehen, ob es von ausreichender Qualität ist und ob es auch zu den Anforderungen passt, die Sie an das Gerät stellen – zu Ihrem ganz individuellen Schlag.

Er wird mit Ihnen Ihre Bewegungsabläufe analysieren und Ihnen zeigen, was und wie Sie es besser machen können. Vielleicht setzen Sie Ihre Kraft falsch ein und ermüden dadurch vorzeitig.

Er wird mit Ihnen ein Lauftraining machen, bis Ihre Beine Sie automatisch und effizient dem jeweiligen Schlag entgegentragen, und er wird Ihre allgemeine Kondition trainieren. Nur wenn Sie locker, entspannt und voll motiviert antreten, werden Sie die Chance auf Erfolg haben.

Übertragen Sie das nun einmal auf Ihr „Verkaufsgespräch“. Sie sprechen täglich mit Menschen, um einen Wunsch, ein Ziel oder auch Ware an die Frau, den Mann zu bringen. Sie haben dabei höchstwahrscheinlich „Ihre Methode“ entwickelt und haben damit auch Erfolg. Was Sie kaum jemals erfahren, ist, wie erfolgreich sie sein könnten, wenn Sie alle Ihre Möglichkeiten ausspielten: Selbst ein Freund sagt Ihnen nicht, wie es Ihnen gelungen wäre, ihn restlos zu überzeugen. Kein Kunde weist Sie darauf hin, was er Ihnen mit Begeisterung noch alles abgekauft hätte, wenn Sie ihn nur noch ein wenig mehr von Ihrer Kompetenz überzeugt hätten.

Um zu wissen, wo Ihre ganz persönliche Spitzenleistung liegt, müssen Sie für sich – ähnlich dem Tennistrainer – ein Trainingsprogramm erstellen. Das beginnt wie bei den Sportlern mit den Überlegungen zur „Hardware“. Das beginnt mit der Ware, der Präsentation, der Umgebung, in der das Verkaufsgespräch geführt werden muss, und geht über das organisatorische Umfeld bis hin zu Ihrer persönlichen Präsentation: die Art, wie Sie sich kleiden, Ihrem Aftershave, Ihrem Deo, Ihrem Haarschnitt, Ihren Verkaufsunterlagen sowie dem Kugelschreiber, mit dem Sie dem Kunden etwas skizzieren bzw. letztendlich den Auftrag entgegennehmen.

Wenn Sie sich jetzt hinsetzen und notieren, was in Ihrer individuellen Situation an Hardware beteiligt ist, um ein erfolgreiches Gespräch zu führen, werden Sie eine lange Liste zusammenbringen. Das alles kann und sollte auf seine Eignung überdacht werden und ob es sich erfolgsfördernd oder hemmend auswirkt.

Übertragen Sie diese Gedanken auf Ihre persönlichen „Verkaufsgespräche“ – auf Ihre Gespräche mit dem Partner, den Kindern, den Freunden.

Haben Sie dazu jemals einen Gedanken an die nötige „Hardware“ verschwendet – an Umgebung, Atmosphäre, richtigen Zeitpunkt, ob es störende Zuhörer gab, deren Anwesenheit allein bereits die besten Intentionen Ihres Gesprächs zunichte machen musste?

Haben Sie an die „Hardware“ der von Ihnen eingesetzten Sprache gedacht? War es die Sprache, die Ihr Gesprächspartner gewöhnt war, oder haben Sie sich oft auf eine theoretische, sachliche Ebene geflüchtet, zu der Ihr Gesprächspartner Ihnen nicht folgen konnte?

Dann analysieren Sie einmal Ihren „Bewegungsablauf“ – den Ablauf eines Gesprächs:

- Wie sehr versuchen Sie, sich in Ihren Gesprächspartner hineinzuversetzen?
- Wie weit berücksichtigen Sie seine individuellen Bedürfnisse und Wünsche?
- Was wissen Sie von ihm?
- Hören Sie überhaupt zu und gehen Sie auf das ein, was Ihnen Ihr Gesprächspartner entgegenhält?
- Wie viel von Ihren ausgezeichneten Vorsätzen ist inzwischen in Routine erstickt?

Sie können auch in einem Gespräch im übertragenen Sinn „mit dem falschen Fuß“ beginnen und damit einen technischen Fehler begehen. Sie können in einem Verkaufsgespräch an der falschen Stelle zu viel Energie einsetzen und den Kunden beispielsweise mit sachlichen Vorteilen und Details eines Produktes zuschütten und dabei vergessen, dass der Kunde dieses Produkt nicht kauft, weil er es braucht, sondern weil er es sich wünscht. Weil der emotionelle Nutzen, den der Kunde daraus ziehen möchte, ihm weitaus wichtiger ist als der praktische Nutzen.

Wenn Sie Verkaufen in der weiten Definition dieses Buches als das betreiben wollen, was es tatsächlich ist, nämlich ein hochinteressanter, jedoch sehr anspruchsvoller Leistungssport mit immer wieder reizvollen Herausforderungen, dann werden Sie auch die Notwendigkeit ständigen Trainings akzeptieren und wie ein Spitzensportler dieses Training konsequent und regelmäßig durchführen.

Verkaufen ist schon deswegen ein wunderbarer Leistungssport, weil Sie dort nicht Gefahr laufen, irgendwelche Muskeln, Bänder etc. zu zerren oder zu stark zu beanspruchen. Ganz im Gegenteil: Dieses Training hilft Ihnen im Umgang mit Menschen allgemein. Auch wenn Sie kein spezielles Produkt, sondern Ihre Wünsche, Ihre Neigungen, Ihre Person, Ihre Erkenntnisse anderen vermitteln wollen. Wenn Sie jemanden veranlassen wollen, in einer von Ihnen gewünschten Weise zu handeln, zu denken, zu fühlen oder auch, etwas zu unterlassen.

Sagen Sie jetzt nicht: „Ich bemühe mich ja ohnehin!"

Das sei nun keineswegs in Frage gestellt. Denn wenn Sie nicht den Wunsch und das Bestreben zur Verbesserung hätten, hätten Sie sich dieses Buch nicht gekauft.

Wir haben von der Schule eine falsche Einstellung zum Lernen mitbekommen. Wenn etwas nicht gleich funktioniert, dann ist die erste Reaktion: „Mehr von demselben." Wenn wir uns Vokabeln nicht merken konnten, dann hieß es: „Du musst eben öfter wiederholen!", mehr Zeit einsetzen, obwohl es sinnvoller gewesen wäre zu überlegen, warum man sich die Vokabeln nicht merken kann. Das heißt also: die Methode zu ändern.

Die Änderung der Methode bedeutet vor allem, nicht einfach stur mehr Anstrengungen in die gleiche Richtung wie bisher zu investieren – ohne Freude und mit der Vorstellung etwaiger Fehler, die wir bisher gemacht haben, vor Augen. Es ist sinnvoller, nach besseren Wegen zu suchen.

Es ist eine der verrücktesten Ideen der modernen Gesellschaft, dass Kritik gut sei für den Menschen und ihm helfe zu lernen. Die Beachtung oder das Erinnern dessen, was wir falsch gemacht haben, stellt sich dem erfolgreichen Lernen in den Weg. Und die kritische Haltung bewirkt noch etwas anderes: Sie saugt die Kraft aus.

Wir suchen hier also gemeinsam nicht nach Ihren bisherigen Fehlern. Vergessen Sie die Vergangenheit. Wir trainieren die Zukunft – in jedem kleinsten Detail.

Die Umsetzung des Gedankens

Sie bekommen nicht Tipps und Tricks, um ein noch besseres Schauspiel abzuziehen, um weiterhin einen erfolgreichen, jedoch fremden Stil zu kopieren, sondern dieses Buch hilft Ihnen, zu Ihrem Selbst zu finden, zu Ihrem ganz persönlichen Erfolgsweg.

Die Umsetzung des hier angesprochenen Gedankens bedeutet: bereit sein, einen anderen Weg zu gehen – bereit sein zur Analyse, zum Überdenken.

„Man sage nicht, das Schwerste sei die Tat. Das Schwerste dieser Welt ist der Entschluss“, legt Franz Grillparzer Primislaus (Przemysl), dem Gründer der Böhmischen Königsdynastie, in seinem Drama „Libussa“ in den Mund.

Und für Sie geht es an dieser Stelle darum, den Entschluss zu fassen, bisherige Vorurteile und fixe Programme aufzugeben, offen zu sein für eine neue Sichtweise.

Sind Sie bereit?

6 Ich bin das Maß aller Dinge – ?

DER EINZIGE MENSCH, DER SICH VERNÜNFTIG BENIMMT, IST MEIN SCHNEIDER.
ER NIMMT JEDES MAL NEU MASS, WENN ER MICH TRIFFT,
WÄHREND ALLE ANDEREN IMMER DIE ALTEN MASSSTÄBE ANLEGEN,
IN DER MEINUNG, SIE PASSEN AUCH HEUTE NOCH.
GEORGE BERNARD SHAW (1856 – 1950),
ANGLO-IRISCHER DRAMATIKER,
NOBELPREIS FÜR LITERATUR 1925

Sollte uns Shaws Schneider nicht ein Vorbild sein?

Wir behindern andere Menschen wie auch uns selbst im Wachsen und Sich-Entfalten, wenn wir die Entwicklung nicht zur Kenntnis nehmen und immerzu an alten Maßstäben festhalten.

Doch viele von uns haben sich noch zusätzliche Mauern errichtet, um sich die freie Sicht auf die Welt zu versperren, nämlich die bedenkenlose Überzeugung: „Ich bin das Maß aller Dinge!"

In meinen Seminaren wird mir immer wieder entgegengehalten: „Ich würde das nicht wollen!" Das allein scheint diesen Teilnehmern ein ausreichender Grund zu sein, um sich einer Erkenntnis zu verschließen.

Diese Leute versetzen sich in die Rolle eines anderen, indem sie ihn von seinem Stuhl schupsen und sich fest und breit draufsetzen. Statt zu fragen „Wie fühlst du dich auf diesem Stuhl?", fragen sie sich „Wie fühle ich mich jetzt hier auf diesem Stuhl sitzend?" und leiten daraus ihre eigenen Meinungen und Anschauungen als wahrscheinliche Reaktionen des anderen ab.

Kurz: Weil ich so denke und fühle, wirst du sicher auch so denken und fühlen. Sprich: Ich bin das Maß aller Dinge! Hilft ihnen diese Egozentrik wirklich weiter?

„Mensch, erkenne dich selbst, dann weißt du alles", lehrte schon der griechische Philosoph Sokrates. Selbsterkenntnis ist der Ausgangspunkt, um die Welt verstehen zu lernen.

Die ganze Bandbreite der menschlichen Instinkte, Wünsche und Gefühle können Sie in sich finden. Wenn Sie diese aus Ihrem Unbewussten* hochkommen lassen und sich dadurch besser kennen, hilft Ihnen das, andere zu verstehen.

Wenn Sie Ihr Reservoir zum Mitempfinden und Mitfühlen jedoch nicht ausschöpfen, sondern einen Tunnelblick zur Erklärung der Welt heranziehen, dann verschwenden Sie Ihre wertvollsten Fähigkeiten.

Wimmeln Sie psychologische Erkenntnisse, die Ihnen in diesem Buch angeboten werden, nicht voreilig ab: „Mir gibt es gar nichts, mit Namen angesprochen zu werden!", „Ich möchte nicht ständig nach meinen Wünschen befragt werden!", „Mir ist es egal, ob mich jemand versteht oder nicht!", sondern

- geben Sie der ganz natürlichen Möglichkeit Raum, dass andere anders empfinden können als Sie selbst und Sie *nicht* das Maß aller Dinge darstellen;
- hinterfragen Sie darüber hinaus Ihr eigenes Empfinden. Wenn viele anders empfinden – warum ist das so? Wollen Sie nicht nach Ihren Wünschen gefragt werden, weil Sie diesen aufgrund Ihrer bedrückenden Erziehung keine Existenzberechtigung eingeräumt haben und daher auch gar nicht wissen, was Sie wirklich wollen? Ist es Ihnen egal, ob Sie verstanden werden oder nicht, weil Sie tief greifende Enttäuschungen erlebt haben und sich nun durch Gleichgültigkeit gegen neuerliche Verletzungen wappnen?
- leben Sie eventuelle Zweifel richtig aus. Setzen Sie einer bezweifelten Behauptung nicht einfach Ihre gegenteilige Behauptung entgegen und wischen damit eine möglicherweise wichtige Erfahrung vom Tisch, sondern nutzen Sie Ihre eigenen Möglichkeiten zur Erkenntnis: Sprechen Sie mit anderen darüber, fragen Sie Ihre Freunde, Ihre Kunden, wie sie fühlen und empfinden. Testen Sie ehrlich und bleiben Sie offen für die Möglichkeit, sich eventuell geirrt zu haben.

Wir alle laufen ständig Gefahr, uns selbst als Maßstab zu nehmen und daraus die Berechtigung abzuleiten, anderes Fühlen und Denken abzulehnen. Dass wir dieses tun, fällt uns dabei meist gar nicht auf. „Wie kann man nur so etwas anziehen?" „Wie kann man nur so eine Musik mögen?" Wir klammern uns an unsere Werte und Überzeugungen und fühlen uns angesichts der Widersprüchlichkeit und Vielfalt, der wir tagtäglich begegnen, fast bedroht.

Wir wollen dazugehören, uns in der Gemeinschaft anderer durch gemeinsame Werte und Träume akzeptiert und geborgen fühlen. Andererseits müssen wir uns auch als eigenständige Persönlichkeit erleben und begreifen, dass dies einer vollständigen Identifikation* mit unserem sozialen Umfeld im Wege steht. Der Ausweg aus diesem Dilemma liegt in der Erkenntnis: Es gibt nicht nur eine Wahrheit (siehe unser Kapitel „Wie wirklich ist die Wirklichkeit?“) und in der Fähigkeit, mehrere Wahrheiten nebeneinander bestehen zu lassen. Dann verliert Vielfalt ihre Bedrohung. Wenn wir neugierig in die Welt blicken und bereit sind, uns spielerisch mit fremden Wahrheiten auseinander zu setzen, dann werden wir immer wieder dazulernen.

Ein ganz alltägliches Beispiel: Christiane verteidigte lange Zeit stolz die Überzeugung, dass sie als emanzipierte Frau zu ihrem Alter und damit zwangsweise auch zu ihren immer deutlicher werdenden grauen Haaren zu stehen habe. Ein wenig mitleidig blickte sie auf die armen Altersgenossinnen herab, die ihrer Meinung nach mit dem Älterwerden nicht fertig wurden und es deshalb nötig hatten, sich mit Haaretönen zu quälen. „Probier´s doch ein einziges Mal aus, dann reden wir weiter!“ Was sollte sie als aufgeschlossener Mensch, der Christiane doch sein wollte, dagegen einwenden? Sie können sich das Ergebnis vorstellen: Eine Tönungswäsche geht einfach und schnell und ist heute kein besonderer Aufwand mehr, das Ergebnis war attraktiv. Letztendlich stellte Christiane fest, dass auch ihre Emanzipation nicht darunter litt, wenn sie der Spiegel nun nicht mehr täglich durch weiße Haare an die Vergänglichkeit alles Schönen erinnerte.

Gerade dieses an sich banale Beispiel zeigt, wie wir ständig Gefahr laufen, uns zum Maß aller Dinge zu machen, und uns damit selbst gegen eine bessere Einsicht und vielfach auch gegen ein leichteres, erfüllteres Leben versperren.

Die Umsetzung des Gedankens

Bevor Sie etwas ablehnen, stellen Sie sich die Frage: „Warum könnte das nicht auch so sein?“ Versuchen Sie als Erstes, die von Ihnen spontan in Zweifel gezogene Handlung oder Behauptung erst einmal gegen Ihre eigenen Zweifel zu verteidigen.

Sie wissen ja wahrscheinlich aus Erfahrung, was uns alles für Argumente einfallen, wenn wir die Meinung oder Handlungen unserer Kinder oder eines geliebten Menschen gegenüber Dritten verteidigen. Wir sind zwar nicht der gleichen Meinung, aber wir verteidigen unsere Liebsten gegen intolerante Angriffe.

Diese Verfahren wenden Sie nun methodisch gegen jenen Teil Ihres Ich an, das sich gerne als Maß aller Dinge aufspielt und zuerst einmal ablehnend auf alles reagiert, was nicht mit Ihren Haltungen übereinstimmt.

Frage 1: Warum könnte das nicht auch richtig sein?

Frage 2: Was spricht dagegen, dass ich es akzeptieren kann?

Frage 3: Kann es in der Angelegenheit wirklich nur einen richtigen Maßstab geben?

Nur wenn eine fremde Sichtweise bei Ihnen durch die genannten Prüfungsinstanzen gelaufen ist und es gewichtige Gründe dafür gibt, dass sie falsch oder gar unsinnig ist, dann gestatten Sie sich, Ihre Ablehnung auch auszuleben.

7 Ein gutes Gespräch ist ein Gesamtkunstwerk

DAS GUTE GELINGEN IST ZWAR NICHTS KLEINES,
FÄNGT ABER MIT KLEINIGKEITEN AN.
SOKRATES (470 – 399 V. CHR.),
GRIECHISCHER PHILOSOPH

Post für Sie. Sie haben schon so sehr auf eine Nachricht gewartet und nun liegt sie endlich vor Ihnen – und das in Form eines verheißungsvoll bauchigen kleinen Päckchens. Mit klopfendem Herzen öffnen Sie es, je nach Temperament mit fliegender Ungeduld oder jeden Moment bedächtig genießend. Was erwartet Sie? Die beiliegende Karte legen Sie erwartungsvoll zur Seite, zuerst wollen Sie das Präsent sehen, um sich zuletzt die Krönung zu gönnen – das Tüpfelchen auf dem „I" –, die persönliche Nachricht. Schließlich öffnen Sie genussvoll das Kuvert und erstarren: In der vorgedruckten Karte steht nichts Persönliches vor dem Namen, nur einfach „Dein …". Was haben Sie nicht alles erwartet, erhofft, ersehnt?

Sie kennen diese Situation? Oft zerstört das Fehlen eines winzigen Details das ganze Erlebnis.

Im geschilderten Fall mag sich der Absender dieses Päckchens noch so viele Mühe gegeben haben beim Aussuchen des kleinen Präsents. Vielleicht hat es viel Zeit und Energie gekostet, den Gegenstand zu besorgen. Es einzupacken und aufzugeben war schließlich auch Arbeit. Doch alle diese Anstrengungen verblassen, weil er im letzten Augenblick versagt und es verabsäumt hat, wenigstens drei kleine Worte hinzuzufügen, obwohl das vergleichsweise der geringste Aufwand gewesen wäre.

Nehmen Sie sich also Zeit für jedes Detail und schaffen Sie „Gesamtkunstwerke"!

Weitere Beispiele gewünscht?

Die Verkäuferin in der teuren Boutique war überaus freundlich bemüht, Sie zu beraten. Jetzt stehen Sie an der Kasse und sehen ihr zu, wie sie behutsam das Kleid für Sie einpackt. Voll Freude über Ihren eigenen Mut, sich so ein extravagantes Kleid zu leisten, schwelgen Sie in der Vorfreude, es beim nächsten Familientreffen zu tragen. Da fällt Ihr Blick auf die Bekleidung der Verkäuferin: Sie wirkt nachlässig und geschmacklos. Plötzlich verlässt Sie der Mut und Zweifel steigen auf: Sind Sie wirklich gut beraten worden? Wenn diese Verkäuferin so wenig Kompetenz bei ihrer eigenen Kleidung beweist …?

Technische Kompetenz allein reicht nicht. Der Verkäufer hat Ihnen liebevoll jedes kleinste Detail der drei besten Fotokameras geschildert, die das Unternehmen anzubieten hat. Nun stehen Sie vor der schwierigen Entscheidung. Auf Ihre Frage, zu welcher Kamera Ihnen der Verkäufer rät, erhalten Sie die Antwort: „Entscheiden müssen Sie selbst!“

Sie fühlen sich zu Recht allein gelassen. Es ist schon richtig, dass der Verkäufer Ihnen die Entscheidung nicht abnehmen kann – das wissen Sie ja selbst. Ihre Frage nach seinem Rat war ein Hilferuf, Ihnen doch bei der Entscheidung zu *helfen.* Sie erinnern sich an die Definition des Verkaufsbegriffes?

„Verkaufen ist die Fähigkeit, anderen Menschen zu *helfen*, den *Nutzen eines Angebotes* für sich zu *erkennen*.“

Wenn der Verkäufer nach Ihren Bedürfnissen fragt und damit weiß, wie Sie die Kamera einsetzen wollen, dann kann er als Fachmann Ihnen raten, welche der drei Kameras Ihre Wünsche am besten erfüllt. Das heißt, er ist gefordert, Ihnen eine Brücke von seiner technischen Beratung hin zu Ihren Wünschen zu schlagen.

So allerdings bekommt das Gesamtbild durch den deutlichen Ausdruck fehlenden Engagements einen Riss.

Erfolge sind fast immer das Ergebnis vieler richtiger „Kleinigkeiten“! Ganz selten gibt es ein großes, alles entscheidendes Kriterium.

Stress und Hektik des Alltags versperren uns meist den Blick auf Einzelheiten. Es ist Mode geworden, mehrere Dinge gleichzeitig zu tun. Mehr noch, die Fähigkeit zu „Multitasking“ – also das parallele Erledigen unterschiedlicher Aufgaben – wird immer mehr zum Statussymbol des neuen Jahrhunderts. Wer dazugehören will, muss vergessen, dass ruhige Konzentration auf eine Aufgabe nach der anderen die effizientere Arbeitsweise ist. Wer „in“ ist, wer wichtig ist bzw. wichtig genommen werden will, der hat den großen Überblick und selbstverständlich nicht Zeit, sich mit Details zu beschäftigen. Welch negative Auswirkungen diese „zeitgemäße“ Form der Verzettelung auf Psyche und zwischenmenschliche Beziehungen hat, wird einfach geleugnet.

Aus den kleinen Ungereimtheiten, Fehlern und Misstönen in der Kommunikation entstehen oft die folgenreichsten Missverständnisse. Sie sind so schwer auszuräumen, weil die Ursachen eben nicht auf der Hand liegen und daher auch kaum geortet werden können. „Mach aus der Mücke keinen Elefanten“, pflegt derjenige dann zu sagen, der die Mücke übersehen hat. Doch leider hat die Mücke eben den Gesamteindruck so verzerrt, dass sie sich für den Betroffenen in einen Elefanten verwandelt hat.

Suchen Sie nach den Mücken. Ein negativer Eindruck kann den Blick für alles andere trüben, ein positiver Aspekt tolerantes Wohlwollen erzeugen. Dazu folgende Begebenheit, die zu denken geben sollte:

Als ich zum zweiten Mal in dem Hotel eincheckte, begrüßte mich die Rezeptionistin bereits freundlich mit meinem Namen und ließ mich die Anmeldung gar nicht mehr ausfüllen, nur noch unterschreiben. Ich fand das Hotel freundlich und empfahl es einem Bekannten – und war erstaunt, dass er meine gute Meinung so gar nicht teilte. Er empfand das Zimmer als abgewohnt, ihn störte der Fleck im Teppich neben dem Bett und das Badezimmer fand er einfach ungemütlich. Ich fragte nach: Man hatte ihm das gleiche Zimmer gegeben wie mir – und jetzt erinnerte ich mich auch dunkel an den Fleck im Teppich. Das freundliche Willkommen beim Empfang hatte mich ihn übersehen lassen. Mein Bekannter hatte ein anderes Entree. Der Rezeptionist behandelte ihn unfreundlich und von oben herab. Das schaffte eine negative Erwartungshaltung. Unbewusst wartete mein Bekannter bereits auf die nächsten negativen Eindrücke, und so stachen sie ihm auch in die Augen: der Fleck im Teppich, die abgewetzten Stellen am Fauteuil.

Ihr „Verkaufsgespräch“ sollte also auf möglichst vielen stimmigen Details aufgebaut sein. Wenn es Ihnen dann noch gelingt, einige Highlights zu setzen, die wie Sterne ihre Umgebung in ein freundlich warmes Licht tauchen, dann machen Sie aus Ihren Gesprächen Gesamtkunstwerke.

Die Umsetzung des Gedankens

Trainieren Sie, auf Details zu achten. Schärfen Sie Ihren Blick für die kleinen Einzelheiten, die in Summe einen Gegenstand, ein Erlebnis, einen Menschen zu etwas Besonderem machen.

Analysieren Sie Situationen, in denen Sie selbst als Käufer auftreten. Am deutlichsten drängen sich störende bzw. fehlende Puzzlesteine eines Gesamtbildes auf, wenn sie der Auslöser für plötzliche Frustration, für das schlagartige Nachlassen Ihres Interesses waren: Sie kennen die Situation – eben noch waren Sie voll motiviert. Ein bestimmter Kaufwunsch stand für Sie absolut fest. Doch plötzlich ist die Luft draußen – enttäuscht verlassen Sie das Geschäft. Sie sind sich sicher, dass Sie den Gegenstand doch gar nicht benötigen, von dem Sie noch vor einigen Minuten überzeugt waren, ihn so dringend zu brauchen.

Was war der Anstoß für Ihren Meinungsumschwung? Ein unbedachtes Wort, ein schräger Blick, Staub auf der Verpackung, das schrille Etikett, der Tratsch der Verkäufer, den Sie mitgehört haben, die lieblose Präsentation, die Eselsohren im Prospekt, die unübersichtliche Auswahl. Die Liste möglicher Ursachen lässt sich beliebig verlängern.

Auch in der Planung eines wichtigen Gesprächs können Sie Ihren Blick für das Detail trainieren:

- *Wählen Sie den passenden Ort,*
- *achten Sie auf eine besondere Atmosphäre,*
- *gestalten Sie die Umgebung im Sinne des Anlasses für das Gespräch,*
- *sorgen Sie dafür, dass der Zeitpunkt für Ihren Gesprächspartner günstig gewählt ist.*
- *Wie werden Sie Ihren Partner empfangen, wie eröffnen Sie das Gespräch, welche Kleidung wählen Sie für sich? etc.*

Stellen Sie sich dazu eine Liste auf und ergänzen Sie diese um jede noch so winzige Einzelheit, die Ihnen einfällt. Indem Sie lernen auf Details zu achten, werden Sie ganz zwangsläufig auch beginnen, Details zu genießen.

8 Ich will Ihnen ja nichts verkaufen

DIE GRÖSSE EINES MENSCHEN HÄNGT NICHT
VON DER GRÖSSE SEINES WIRKUNGSFELDES AB.
ERICH KÄSTNER (1899 – 1974),
DEUTSCHER DRAMATIKER, KINDERBUCHAUTOR
UND ROMANCIER

Wir leben in einer Zeit, in der die „Verkäufer" aussterben!

Auf den Visitenkarten wird die Berufsbezeichnung „Verkäufer" verschämt versteckt und mutiert zum „Berater", „Sales Manager", „Kundendienst", „Außendienstmitarbeiter" und vielem anderen. Und doch haben alle das Ziel, möglichst viel Umsatz zu machen, möglichst viel zu verkaufen.

Wann haben Sie das letzte Mal gehört, dass sich jemand als „Verkäufer" vorgestellt hat? Wie oft hat jedoch ein Verkäufer Ihnen beteuert: „Ich will Ihnen ja nichts verkaufen!"?

Woher kommt diese zwiespältige Einstellung zum Thema „Verkaufen"?

Einerseits rührt das schlechte Image noch aus einer Zeit her, da man die Funktion des „Verkaufens" missverstanden hatte und aus einem kurzfristigen Gewinnstreben heraus bestrebt war, einen potenziellen Käufer einfach manipulativ und mit Druck zu einem Kauf zu drängen. Das kurzfristige Geschäft war wichtiger als eine langfristige Kundenbindung.

Inzwischen ist ein Umdenken erfolgt.

Wenn Sie sich heute die Ergebnisse anonymer Kauftests ansehen oder die Beschwerden auf den „Kauffrust"-Internetseiten, dann werden Sie bemerken, dass der Pendelausschlag in die andere Richtung geht: Beklagt werden das mangelnde Interesse und der mangelnde Einsatz von Verkäufern. Nicht selten finden Sie dort Eintragungen wie „Ich hatte den Eindruck, ich musste meinen Kaufwunsch gegen den Verkäufer durchsetzen!"

„Ich will Ihnen ja nichts verkaufen" aus dem Mund eines Verkäufers klingt einfach paradox, heißt es doch so viel wie „Ich will meine Arbeit eigentlich nicht tun!" Ausgedrückt werden soll damit wohl eher, „Ich will Sie nicht beeinflussen!" Warum eigentlich nicht?

Wir alle wollen beeinflussen! Und wir tun dieses auch – unsere Partner, unsere Kinder, die Kollegen im Beruf, unsere Freunde. Wir haben unsere

Meinungen und Absichten und vertreten diese auch. Warum verstecken wir dann scheinheilig unseren Beeinflussungswillen?

Irgendwo im Hinterkopf wissen wir, dass wir damit auch Mitverantwortung übernehmen für das, was wir mit unserem Einfluss auslösen. Diese Verantwortung scheuen wir zumeist.

„Ich will Ihnen ja nichts verkaufen!“ heißt also übersetzt: „Ich will meinen Teil der Verantwortung nicht mit übernehmen, dass Sie auch das Richtige, das Passende finden!“ Der Verkaufserfolg selbst ist natürlich sehr wohl erwünscht.

So ist auch die Schutzbehauptung des fürsorglichen Vaters zu verstehen, der seiner Tochter einen Rat gibt und gleich abschwächt „Ich will dich ja zu nichts überreden!“ Was ihn nicht daran hindert, tödlich beleidigt zu sein, wenn die Tochter den Rat nicht befolgt und ihren eigenen Kopf durchsetzt.

Diese Mitverantwortung kann uns niemand abnehmen – egal, was wir „verkaufen“: als Ärztin eine Therapieempfehlung, als Mutter Einstellungen zum Leben und zur Gesellschaft, als Architekt den Entwurf für eine Wohnanlage, in der viele Menschen ihr Leben verbringen werden, oder einfach als Verkäuferin in einer Boutique das Kleid, mit Hilfe dessen eine Kundin Wünsche und Träume umsetzen möchte.

Die Versicherung eines Verkäufers „Ich will Ihnen ja nichts verkaufen!“ fördert daher keineswegs das Vertrauen des Kunden. Sie widerspricht der Logik der Erwartung und enthebt nicht der Mitverantwortung. Man merkt die Absicht und ist verstimmt!

Warum also der Versuch, die legitime Absicht zu verbergen? Warum stehen wir nicht zu unserem Beeinflussungswillen – im beruflichen wie im privaten Umfeld – und bekennen dies auch direkt und offen: „Wie kann ich dich davon überzeugen?“

„Ich will Ihnen dieses Produkt verkaufen, weil ich überzeugt bin, dass es am besten zu Ihren Bedürfnissen passt!“

„Nehmen Sie diese Medizin, damit Sie gesund werden. Ich will einen gesunden Patienten!“

Mit der offenen Erklärung unserer Absicht setzen wir gleichzeitig ganz klar die Grenzen unserer Verantwortung. Der Gesprächspartner kennt unser Ziel, jetzt muss er selbst entscheiden, ob dies mit seinem übereinstimmt.

Verkaufen ist ein anspruchsvoller Beruf, der viele Anforderungen stellt! Neben fachlichem Wissen über das Angebot setzt er eine Reihe menschlicher Fähigkeiten voraus. Als Verkäufer werden Sie in jedem Gespräch auch als Mensch gefordert. Anders gesehen haben Sie die Chance, sich mit der Ganzheit Ihres Wesens in Ihre Tätigkeit einzubringen, weil jedes Verkaufsgespräch auch eine spannende menschliche Begegnung darstellen kann.

Die Umsetzung des Gedankens

Sie sind in einem Verkaufsberuf tätig. Fehlt Ihnen immer wieder das Selbstbewusstsein, positiv zu Ihrem Beruf zu stehen?

Notieren Sie einmal für sich, welche Fähigkeiten Ihr Beruf von Ihnen verlangt, abgesehen von fachlichem, produktbezogenem Wissen: Die folgenden Beispiele sollen Sie anregen, über die Komplexität Ihrer Tätigkeit nachzudenken, und Sie werden die Liste sicher noch um einiges verlängern.

Welche persönlichen Faktoren bringen Sie mit?

- *gepflegtes Äußeres*
- *offene, entgegenkommende Körperhaltung, positive Körpersprache*
- *Sicherheit im Auftreten*
- *Ausdruck der Freundlichkeit*
- *Fähigkeit, in den Hintergrund zu treten*
- *Fähigkeit zur Stressbewältigung, Arbeiten unter Druck*
- *persönliche Arbeitsorganisation*
- *Ausgeglichenheit*

Welche Kompetenzen in Ihrer Beziehung zum Kunden müssen Sie einsetzen?

- *Geduld, Toleranz, Einfühlungsvermögen*
- *Beobachtungsgabe*
- *Begeisterungsfähigkeit*
- *Offenheit (Aufnahmebereitschaft), Fähigkeit zuzuhören*
- *Sprachfähigkeit*

- *ausreichend großer Wortschatz*
- *positiver Sprachausdruck, Ausdrucksfähigkeit*
- *Kontaktfähigkeit, Fähigkeit zu verbindlichem Smalltalk*
- *Fähigkeit, das Verkaufsgespräch zu leiten*
- *Fähigkeit zur Argumentation, Beratung*
- *Entscheidungsfähigkeit, Hilfestellung für Entscheidungen*

Nicht zuletzt arbeiten Sie höchstwahrscheinlich im Team und müssen auch dazu Fähigkeiten einsetzen:

- *Kommunikationsfähigkeit*
- *Fähigkeit zur Einordnung in das Team, Übernahme von Funktionen im Team*

Sie sehen also, wie anspruchsvoll der Verkaufsberuf ist, wenn man ihn ernsthaft und mit vollem Einsatz ausübt.

Warum sollten Sie dann auf Ihre Aufgabe als Verkäufer nicht stolz sein und dazu stehen:

„Ich will Ihnen etwas verkaufen, das ist meine wichtige und legitime Aufgabe!“

9 Totale Konkurrenz

DER HORIZONT VIELER MENSCHEN
IST EIN KREIS MIT DEM RADIUS NULL –
UND DAS NENNEN SIE IHREN STANDPUNKT.
ALBERT EINSTEIN (1879 – 1955),
DEUTSCH-AMERIKANISCHER PHYSIKER,
NOBELPREIS FÜR PHYSIK 1921

Konkurrenz ist für viele auch heute noch der Laden der gleichen Branche von gegenüber.

Der Markt – unsere Lebenssituation – hat sich jedoch gewandelt!

Seien Sie sich selbst gegenüber ehrlich: Wofür geben Sie Ihr Geld aus? Für Dinge, die Sie brauchen, oder dafür, wonach Ihnen gerade ist – aus welchen Gründen auch immer?

Außer den Grundnahrungsmitteln, die wir mehr oder weniger täglich frisch besorgen wie Milch und Brot – was brauchen Sie wirklich dringend von den Dingen, die Sie so einkaufen? Wie lange würden Sie es mit Anstand verkraften, keine Kleidung mehr kaufen zu können? Wie viele Jahre würden Sie dennoch geschmackvoll gekleidet durchs Leben wandeln, wenn plötzlich über Nacht alle Textilgeschäfte geschlossen wären?

Sie geben Geld aus, um sich eine Freude zu machen, um einen Genuss zu erleben. So stehen also die meisten Produkte in totaler Konkurrenz mit allen anderen Möglichkeiten, die sich Ihnen bieten, Geld auszugeben: Damit steht die Tafel Schokolade in Konkurrenz mit einem Paar toller Strümpfe oder auch einer Kinokarte.

Wofür Sie sich entscheiden, hängt von Ihrer augenblicklichen Stimmung und der Art des Angebotes ab: Wie lacht Sie die Schokolade an? Ist das Kinozentrum neu, einladend, der Film mit ansprechenden Bildern dargestellt? Dann geben Sie auch dem Impuls nach, sich einen Film anzusehen, der nicht gerade auf Ihrer Wunschliste steht. Oder es verheißt ein schöner Strumpf sinnliches Vergnügen.

Unsere vitalen Bedürfnisse sind im Großen und Ganzen bereits gedeckt, Angebot ist jedoch in unüberschaubarem Überfluss vorhanden. Sie haben das Bedürfnis, Ihr Leben zu genießen, und es locken Sie Tausende Angebote, die Ihnen Genuss versprechen. Sie haben weder Zeit noch Geld, alle diese Angebote für sich in Anspruch zu nehmen.

Für das anbietende Unternehmen bedeutet dies, dass es nicht mehr lediglich darum geht, die besseren Preise als Mitanbieter des gleichen Produktes zu haben. In der Konkurrenz um den 100-Euro-Schein in der Hand einer möglichen Kundin tritt die Wäscheboutique ja auch an gegen das freundliche Lächeln des Kellners von nebenan.

Was immer Sie im privaten Bereich erreichen wollen, Sie müssen überlegen, mit welchen anderen Einflüssen, mit welchen anderen Wertvorstellungen Sie im Wettstreit liegen. Selbst wenn Sie um Ihre Angebetete werben, wäre es ein fataler Irrtum zu glauben, Sie stünden nur in Konkurrenz zu anderen Männern. In den meisten Fällen sind es Gegner ganz anderer Art, die Ihre Liebste zaudern lassen: Spaß an der ungebundenen Freiheit, eigener beruflicher Ehrgeiz, ein Kreis von Freundinnen, ihr verhätschelter Hund, der Sie ständig beißt, Interessen, die Sie nicht teilen.

Ihre Träume stehen in Konkurrenz zu den Träumen der Menschen, die Ihr Leben berühren.

Die Umsetzung des Gedankens

Erweitern Sie Ihr Verständnis für den großen Zusammenhang, in dem Ihr Leben und auch Ihr Einfluss abläuft – also die Möglichkeit, Ihre Wünsche und Vorstellungen umzusetzen.

Im persönlichen Bereich buhlen wir weniger um den 100-Euro-Schein, also die finanzielle Zuwendung unserer Umgebung, als vielmehr um Wertschätzung, Aufmerksamkeit und auch die Zeit und Gesellschaft der Menschen, an denen uns etwas liegt.

So wie die Vorstellung vom Wettbewerb in unserer Marktwirtschaft noch häufig in Branchendenken und daraus resultierenden Preiskämpfen fixiert ist, so laufen wir auch im privaten Bereich Gefahr, in ein Schubladendenken zu verfallen. Um gedankliche Ordnung hinsichtlich unseres menschlichen Umfelds zu erreichen, sind wir geneigt, im Kopf einen großen Schrank mit vielen Schubladen aufzustellen und unsere Familie und Freunde dort fein säuberlich einzuordnen und mit passenden Etiketten zu versehen.

Sie wollen, dass Ihr Freund mehr Zeit für Sie hat? Um einschätzen zu können, gegen welchen Mitbewerber Sie um die Zeit und Aufmerksamkeit Ihres Freundes ankämpfen, müssen Sie mit ihm über seine Motivationen sprechen.

Nehmen Sie ihn heraus aus der Schublade, in die Sie ihn gesteckt haben. Sie wissen viel zu wenig über ihn und seine Träume. Fragen Sie doch:

- *Was wünschst du dir? Wovon träumst du?*
- *Warum möchtest du das und das andere nicht?*
- *Was empfindest du bei dem oder jenem?*
- *Was ist dir besonders angenehm?*
- *Worüber kannst du dich freuen?*
- *Woran erinnerst du dich gerne?*

Hand aufs Herz! Wissen Sie, welche Antworten die Ihnen am nächsten stehenden Menschen auf solche Fragen geben?

Wann nehmen wir uns schon die Zeit, so persönliche – dementsprechend auch so ungemein wichtige – Angelegenheiten zu besprechen? Am ehesten geschieht dies noch am Anfang einer Beziehung, beim Kennenlernen eines Menschen. Danach landet er in seiner Schublade und wir tun so, als würde sich die Welt, als würden sich die Menschen nicht ändern.

Einige ganz banale Beispiele dazu gefällig?

Gertrud hatte ihre „violette Phase“, in der sie ganz versessen auf diese Farbe war. Das ist zwar schon einige Jahre her und sie kann die Farbe heute nicht mehr sehen, dennoch glaubt Werner immer noch, ihr mit einer violetten Bluse Freude zu bereiten, die jedoch zu den heute bevorzugten grünen und braunen Röcken überhaupt nicht passt.

Günther war – bis er seine große Liebe fand – ein Schmetterling, der von Blüte zu Blüte flatterte. Jetzt hat er nur Augen für seine Frau und seine kleine Tochter. Seine Freunde nehmen seinen Gesinnungswandel einfach nicht zur Kenntnis und kompromittieren ihn ständig durch unpassende Reminiszenzen.

Legen Sie die Scheuklappen ab und tauchen Sie ein in den komplexen Fluss aus rivalisierenden Wünschen. Lernen Sie zu sehen, wie sich Wünsche beständig wandeln und gegeneinander wetteifern, und Sie werden so manches begreifen, was bisher unverständlich schien.

10 Wir leben von Träumen und Visionen

DIE SEELE NÄHRT SICH VON DEM,
AN DEM SIE SICH ERFREUT.
AURELIUS AUGUSTINUS (354 – 430),
BISCHOF VON HIPPO, KIRCHENVATER, PHILOSOPH

Wir haben gelernt, einer gefühlsgesteuerten Entscheidung zu misstrauen, sie als minderwertig gegenüber dem rationalen Urteil unseres Geistes zu betrachten.

Emotionen und Gefühle galten schon seit jeher als bedrohliche, störende Kräfte, die den klaren Verstand trüben und uns in die Irre führen. Der Kampf der Vernunft gegen die Fallstricke der Leidenschaften bildet das Leitmotiv der abendländischen Philosophie.

Wir wurden darauf gedrillt, den Verstand einzusetzen und Gefühlsregungen mit Argwohn zu begegnen. Wir entschuldigen uns für „Gefühlsentscheidungen" und meinen, dort richtig zu handeln, wo es uns gelingt, uns als fühlendes Wesen auszuklinken. Kein Wunder, dass es als seriöser gilt, sich nicht der „geheimen Verführungen" der Gefühle zu bedienen, um ein Produkt zu verkaufen, sondern Verkäufer oft krampfhaft bestrebt sind, rein sachliche, technische Details ihrer Produkte anzusprechen.

Tatsache ist: Wir leben von Träumen und Visionen. Was immer wir begehren, besitzen wollen, wir verbinden damit unsere ganz persönlichen Sehnsüchte. Wichtig ist nicht der Besitz des Gegenstandes, sondern die Gefühle, die er in uns auslöst, die wir mit seinem Besitz verbinden.

Gefühle sind keine blinden oder irrationalen Kräfte, denen wir erliegen, sondern ganz klare Urteile über unsere Werte und den Sinn unseres Lebens. Das Gefühl der Wärme und Behaglichkeit, das Sie beispielsweise veranlasst hat, genau diesen einen Hausanzug zu kaufen, stellt doch das vernünftige Urteil darüber dar, was Ihnen bei dieser Wahl wichtig und notwendig war.

Die „Vernunftgründe" wie Pflegeleichtigkeit oder Sparsamkeit mögen objektiv als rational erscheinen. Dennoch kann es sich für Sie langfristig gesehen als unvernünftig herausstellen, deswegen ein anderes Produkt zu wählen. Die Entscheidung für ein pflegeleichtes, billigeres Stück hätte Ihnen im Augenblick zugegebenermaßen Geld gespart. Was, wenn Sie diesen Hausanzug dann doch niemals tragen würden, weil er Ihre Gefühle nicht anspricht und in Ihrem Schrank lediglich Platz beansprucht? Hängt dort nicht schon das eine oder andere Stück, das Sie nie anziehen? Und das, obwohl es doch so ein „vernünftiger Kauf“ war? Wo bleibt dann die „Vernunft“ einer angeblichen „Vernunftentscheidung“?

Wir sollten Gefühlen nicht von vornherein misstrauen. Ohne die Führung der Gefühle hätte der Verstand keine Grundsätze. Gefühle gehen von unserem Ich aus und sind Urteile über unsere persönlichen Werte: Wir fühlen, was wir bewusst anerkennen.

Wenn Sie also die Gefühle und Emotionen Ihres Kunden ansprechen, „verführen“ Sie ihn nicht, leiten ihn nicht in die Irre, sondern ganz im Gegenteil: Sie helfen Ihrem Kunden, sich seiner ganz persönlichen Urteile zu bedienen.

Sie verkaufen keine Bohrmaschine, sondern das, was der Kunde damit erreichen will:

- Einer Kundin verkaufen Sie Selbstständigkeit und das Gefühl von Freiheit, weil sie hofft, damit in der Lage zu sein, kleine Reparaturen selbst durchführen zu können. Dann braucht sie nicht das technisch komplizierte Modell mit tausend Möglichkeiten, die sie verwirren und erneut das Gefühl der Unselbstständigkeit und Unzulänglichkeit geben.
- Einem anderen verkaufen Sie das Gefühl der Überlegenheit, das er im Besitz und im Umgang mit komplizierten Werkzeugen ausleben kann.
- Ein Dritter wiederum will sein Bedürfnis nach Ästhetik umsetzen und Bilder aufhängen. Um die Bilderhaken in der Wand zu verankern, braucht er – möglicherweise – auch eine Bohrmaschine. Als Verkäufer in einem Baumarkt werden Sie in der Lage sein, ihm die beste Lösung für sein Bedürfnis anzubieten und darüber hinaus auch behilflich zu sein: mit Dübeln, Haken, Bilderrahmen etc.

Was immer Sie anbieten, Ihr Angebot wird von Ihren Kunden auf der Gefühlsebene wahrgenommen. Wenn Sie in Ihrem Verkaufsgespräch nicht auf diese Ebene eingehen, reden Sie eigentlich an Ihren Kunden vorbei.

Mit Kosmetikprodukten verkaufen Sie Schönheit – gut! Die damit verbundenen Gefühle gehen tiefer und sind differenzierter: Sinnlichkeit, Erotik, Körperbewusstsein, Entspannung, Ruhe, Selbstachtung, Selbstannahme, Fürsorglichkeit für sich selbst, Sicherheit, Freiheit und vieles andere mehr. Wenn Sie dieses weite Feld von möglichen Gefühlen und Träumen Ihrer Kundin ansprechen, sind sie nicht nur in der Lage, das wirklich passende Produkt anzubieten, sondern vermitteln ihr das bewusste Erleben ihrer Empfindungen. Erst wenn wir unsere Gefühle in unser Denken hereinziehen, werden sie bewusst und transparent.

Wir lassen uns oft zu sehr von eigenen Vorstellungen und Erfahrungen leiten. Veranlassen Sie daher Ihre Kunden, Ihre Freunde, von Gefühlen und Träumen zu sprechen, und hören Sie – möglichst vorurteilslos – zu.

Die Umsetzung des Gedankens

Was verkaufen Sie in Ihrem Beruf? Welche Träume? Welche Gefühle sprechen Sie dabei bei Ihren Kunden an?

Spielen Sie ein Spiel und laden Sie dazu Ihre Kollegen (oder auch Freunde) ein. Sie stellen kleine Kärtchen in zwei unterschiedlichen Farben bereit und bitten jeden Mitspieler, auf den Kärtchen der einen Farbe je ein Produkt/Angebot zu notieren. Auf die Kärtchen der zweiten Farbe sollen die Mitspieler dann mögliche Gefühle und Träume – wiederum je eins pro Kärtchen – schreiben, die damit in Verbindung stehen.

Dann kommen die Kärtchen nach Farbe sortiert je in einen Korb oder Hut.

In einen Korb die roten Kärtchen mit z.B. „Sofa", „Bürosessel", „Barhocker", „Schemel", „Hocker", „Kaffeehausstuhl" etc.

In den anderen Korb die grünen Kärtchen mit „Entspannung", „Bequemlichkeit", „Dominanz", „Geborgenheit", „Sicherheit", „Autorität", „Tradition", „stark", „verlässlich", „Erotik", „modern", „dazugehören", „lebenslustig", „temperamentvoll", „Abwechslung", „Extravaganz", „ungebunden", „Freiheit", „Sinnlichkeit".

Nun beginnt die zweite Runde des Spiels: Ziehen Sie ein Kärtchen aus dem Korb der möglichen Angebote/Produkte und dann je fünf Kärtchen aus dem anderen Korb mit den möglichen Träumen und Gefühlen.

In unserem Beispiel z.B.

Produkt: Barhocker

Gefühle/Träume: Geborgenheit, Dominanz, Sinnlichkeit, temperamentvoll, Autorität

Nun suchen Sie nach Verbindungen zwischen Angebot und Gefühlen.

Geborgenheit wird z.B. jener gesellige Gastgeber mit einem Barhocker verbinden, der gerne auf biederen und standfesten Hockern in seiner Kellerbar in feucht-fröhlicher Runde feiert.

Für den leichtlebigen Casanova ist die Assoziation mit Sinnlichkeit nicht weit hergeholt – stimmt er seine weiblichen Gäste doch gerne mit raffinierten Drinks auf erotische Abenteuer ein und wünscht sich dafür interessant gestylte Steh-Sitzgelegenheiten, welche die Damen ganz natürlich in seine bereitwilligen Arme gleiten lassen.

Nehmen Sie dieses Spiel als Kreativitätstraining und lehnen Sie auch dem ersten Anschein nach völlig absurde Kombinationen nicht von vornherein ab, sondern versuchen Sie, damit zu spielen.

Denken Sie sich Geschichten aus, um diese Beziehungen zwischen Angebot und dem zufällig ausgewählten Gefühl zu begründen. Anfangs wird es Ihnen nicht leicht fallen, manchmal paradox erscheinende Beziehungen als möglich zu begründen. Doch es ist ein Training, um sich den Gefühlsreichtum unseres Lebens bewusst zu machen. Letztendlich werden Sie nicht nur Ihre Kunden, sondern auch ihre eigenen Träume und Gefühle besser verstehen und bewusst erleben. Damit wird es Ihnen auch leichter fallen, groteske Wünsche Ihrer Kunden nachzuempfinden und sie gar nicht mehr so abstrus zu finden.

Auch der hier angesprochene Gedanke lässt sich in den privaten Bereich übertragen.

Was wollen Ihre Mitmenschen von Ihnen – was stellen Sie für diese dar? Warum sehen Ihre Freunde Sie als Freund an – was geben Sie ihnen? Was könnten Sie den anderen geben? Welche Träume und Visionen sprechen Sie als Persönlichkeit bei Ihren Mitmenschen an?

Wissen Sie es sicher? Fragen Sie danach! Sprechen Sie über Träume und Visionen – sie sind die Grundsätze und Kraftquellen Ihres Verstandes.

11 Erfolg lädt unsere Batterien auf

DER ERFOLG IST EINE LAWINE:
ES KOMMT AUF DEN ERSTEN SCHNEEBALL AN.
*CLINT EASTWOOD (*1930),*
US-AMERIKANISCHER SCHAUSPIELER

Waren Sie schon einmal frühmorgens auf einem arabischen Bazar?

Sie treten zu einem Ladentisch und sehen sich ein Stück genauer an. Sofort spricht Sie der Händler an und preist Sie für Ihren außerordentlichen Geschmack. Sie legen das Stück zurück und wollen sich abwenden. Sofort steht er neben Ihnen und versperrt Ihnen fast den Weg. „Ich habe noch vieles andere, sagen Sie, was Sie wollen, ich hole es Ihnen!"

Sie wehren ab: „Danke, ich wollte nur schauen!"

Der Händler wird eifrig: „Ja, natürlich, ich zeige Ihnen noch anderes, einen Moment." Sein Blick irrt verzweifelt über seinen Warentisch. Ohne Sie dabei aus den Augen zu lassen, fischt er schließlich etwas hervor: „Da sehen Sie – und ist so gut wie geschenkt." Er nennt einen durchaus akzeptablen Preis. Ihr Interesse ist geweckt und Sie sehen sich das Stück genauer an. Sie weisen auf einen kleinen Schönheitsfehler hin, legen es ein wenig abfällig wieder weg und wenden sich zum Gehen.

Der Händler reduziert den Preis. Sie geben sich ungerührt und wenden sich dem nächsten Laden zu. Die Verzweiflung des Händlers wächst. Er läuft Ihnen nach mit einem Schwall von Worten, aus denen Sie lediglich entnehmen, dass er alle Vorzüge des Stückes preist und dazwischen wieder einen niedrigeren Preis nennt. Sie bleiben weiterhin standhaft und interessieren sich nun aktiv für ein Produkt des Nachbarladens.

Er erklärt, warum dieses Produkt seines Nachbarn nichts wert ist und welche Gefahren Sie auf sich nehmen, wenn Sie es kaufen. „Er wird Sie übers Ohr hauen und den doppelten Preis des Wertes verlangen!" Händeringend und unter deutlichem Zähneknirschen fällt der Preis erneut und der Bemitleidenswerte versichert Ihnen, dass seine Familie für die nächste Zeit Hunger leiden wird, weil er so dumm ist, Ihnen einen solchen Preis zu machen. Wenn Sie das Stück wirklich wollen, ist es nun an Ihnen, menschlich zu sein und ein nochmals niedrigeres Gegenangebot zu machen. Er wird jammern, es Ihnen jedoch für diesen „Freundschaftspreis" überlassen. Er muss den Morgen mit einem Erfolg beginnen!

Grundlage dafür ist ein Aberglaube, der auf einen handfesten psychologischen Hintergrund zurückzuführen ist: Der arabische Händler ist der festen Überzeugung, dass er einen erfolgreichen Tag haben wird, wenn der erste Kunde kauft. Erlebt er einen Misserfolg, dann kann er den Tag bereits vergessen.

Erfolg macht erfolgreich und gibt uns Energie! Der arabische Händler weiß, auch wenn er bei diesem ersten Geschäft nicht viel oder nichts verdient hat, der Erfolg wird ihn für den Rest des Tages beflügeln. Nützen Sie also den positiven Rückkopplungseffekt des Erfolgs und programmieren Sie Ihre Erfolge!

Üblicherweise machen wir es umgekehrt. Wir schaffen uns gezielt Misserfolgserlebnisse, indem wir uns bewusst überfordern bzw. zuviel auf einmal aufladen, indem wir unsere Handlungen zeitlich schlecht planen, weil wir Dinge in letzter Minute erledigen.

Welche Tricks spielen Sie gegen sich selbst aus?

Drehen Sie den Spieß einmal um und planen Sie Ihre Erfolge – die kleinen, alltäglichen, die so notwendig sind für einen gesunden Energiehaushalt: Viele von uns haben gelernt: Erledige das Unangenehme zuerst. Das mag vernünftig klingen – doch wenn Sie den Tag damit beginnen, den schwierigsten Kunden anzurufen, dann fehlt Ihnen der Energieschub zum Arbeitsbeginn. Holen Sie sich zuerst Ihre Erfolge ab, beginnen Sie mit den Kunden, wo Sie wissen, dass Sie ein freundliches Wort erhalten, wo Sie auf Begeisterung und Freude stoßen, wo die Zufriedenheit des Kunden Ihnen den Sinn Ihrer Arbeit zeigt.

Sagen Sie dies Ihrem Kunden, damit auch er den Tag gut beginnt: „Ich rufe Sie an, weil ein Gespräch mit meinem Lieblingskunden mir einfach einen guten Tag beschert. Außerdem habe ich für Sie ein besonderes Angebot …“

Wir haben gelernt: Über Erfolge spricht man nicht, das weckt Neid. Also jammern wir uns gegenseitig an über das ach so ungerechte Leben, über den einen unangenehmen Kunden, der seine schlechte Laune bei uns abreagiert hat, über das, was danebengegangen ist. Dadurch verhalten wir uns wie Vampire – wir saugen einander die Lebensenergie aus.

Und wir programmieren den nächsten Misserfolg: Eine kleine, zufällige Unstimmigkeit des Tages wird zum Problem hochgejubelt, zur Katastrophe überhöht und erhält damit eine Wichtigkeit, die ihr gar nicht zukommt. Mit dem schlechten Beispiel vor Augen und der daraus resultierenden deprimierten Grundstimmung ist die Basis für weitere negative Erlebnisse bereits gelegt.

Wir kommen nach Hause und reden über unangenehme Kunden. In geschäftlichen Besprechungen werden Negativbeispiele ausgewalzt und verzerren damit unseren Blick auf die Realität.

„Ohne Rabatt lässt sich keine Uhr mehr verkaufen! Die Leute kommen herein und fragen als Erstes nach dem Rabatt!“, stöhnten die Mitarbeiter eines Juweliers. Wir wollten es genau wissen und vereinbarten daher, über einen Zeitraum von zwei Wochen eine genaue und ehrliche Statistik über jeden Kundenbesuch zu führen. Das Ergebnis dieser Aufzeichnungen über den Verlauf der Kundengespräche stellte die Relationen wieder richtig: Weniger als fünf Prozent der Kunden sprachen die Verkäufer sofort auf einen möglichen Rabatt an.

Die Mitarbeiter waren so sehr auf ihren Ärger über die wenigen Kunden fixiert, dass sie einander davon ständig erzählten und darüber jammerten. Damit wurde der Kunde, der nichts anderes will, als „Rabatt kaufen“, zum ständigen Mittelpunkt ihres Denkens und ihrer Erwartungen.

Ähnliche „Realitätsfallen“ tun sich auf, wenn über Reklamationen diskutiert wird. Ein Unternehmen des Bekleidungseinzelhandels sperrte sich gegen die Idee, mit Reklamationen großzügig umzugehen. Man war der Ansicht, dass es zu viel kostet, wenn man beanstandete Ware einfach ohne Prüfung austauscht. Die Kunden wären ja so unverschämt bei den Reklamationen. Schließlich untersuchten wir die Frage genauer. Im gewählten Zeitraum von acht Monaten fanden 27.000 Artikel – von der hochwertigen Herrensocke bis zum Abendkleid – ihre Abnehmer. Dann nahmen wir die peniblen Aufzeichnungen über die entgegengenommenen Reklamationen zur Hand. Schätzen Sie, wie viele es waren!

Gerade ein Promille – in Zahlen: 28! Ein Großteil davon waren berechtigte Beanstandungen. Es blieben höchstens sechs bis acht unberechtigte aus der Sicht der Verkäufer. Was ja noch lange nicht bedeutet, dass diese Reklamationen mit den Augen des Kunden gesehen wirklich unberechtigt oder gar unverschämt waren.

Sie sehen, wie wir uns immer wieder unseren Realitätssinn trüben lassen.

Gehen Sie den besseren Weg: Sprechen Sie von den vielen kleinen positiven Begegnungen, die auch Sie zweifellos täglich haben, denen Sie üblicherweise keine Aufmerksamkeit und vor allem keinen Erinnerungswert schenken. Holen Sie sich die Komplimente Ihrer Kunden.

Wenn Sie ein gutes Kundengespräch hatten – und dabei ist es nicht ausschlaggebend, ob der Kunde etwas gekauft hat oder nicht –, sprechen Sie das auch aus. „Ich danke Ihnen für das angenehme Gespräch!“ Sie erinnern den Kunden daran, dass er es höchstwahrscheinlich so empfunden hat. Indem Sie es aussprechen, machen Sie es Ihren Kunden vielleicht erst bewusst, und Sie werden Ihrerseits eine positive Reaktion erhalten: „Ich danke Ihnen, Sie haben mich wirklich exzellent beraten. Sie haben sich so um mich bemüht, wie man das selten erlebt!“

Es gibt so viele positive Gedanken in den Köpfen von uns Menschen, die leider nie über die Sprache ihren Weg zu den anderen finden, so viele unausgesprochene Komplimente und Freundlichkeiten.

Aus Gedankenlosigkeit „vergessen“ wir sie. Was uns die Schule zu lehren vergaß, ist das hier dargestellte „Gesetz der Verstärkung“: Sprich eine positive Tatsache aus, formuliere sie in Worten und du bringst sie erst richtig in die Welt!

Die Umsetzung des Gedankens

Lernen Sie hinzuhören, hinzuschauen und hinzufühlen – wo bekommen Sie Freundlichkeit und Zuwendung? Wo gehen Sie vielleicht üblicherweise darüber hinweg, weil Sie verlernt haben, das Veilchen am Wege zu sehen, weil Ihre Augen immer auf die unerreichbaren Sterne gerichtet sind?

Trainieren Sie, sich diese Erfolgserlebnisse bewusst zu holen! Scheuen Sie sich nicht, einen kleinen Anstoß dazu zu geben, dass Ihrem Kunden, Freund, Partner zu Bewusstsein kommt, was er/sie an Ihnen hat.

Nicht mit plumpem Fischen nach Komplimenten, sondern dadurch, dass Sie selbst Ihre Zuwendung zu den anderen leben und aussprechen:

Freundlichkeit erzeugt Freundlichkeit

Großzügigkeit provoziert Großzügigkeit

Dankbarkeit bewirkt Dankbarkeit

Lachen löst Heiterkeit aus

Liebe weckt Liebe

12 Keine Kopie – ein Original

*Warum sollen wir uns damit begnügen, Kopien zu sein,
wo Gott uns als Originale in die Welt gesetzt hat?*
*Billy Graham (*1918),
US-amerikanischer Evangelist,
bekannt als „Maschinengewehr Gottes"*

Wir lernen durch Imitieren. Als Babys formen wir die Laute nach, die unsere Mutter vorspricht, und erlernen so die Sprache. Der Vater zeigt uns, wie man Pfeil und Bogen schnitzt. Er macht die Handgriffe vor, wir machen sie ihm nach und entwickeln dabei unsere eigene Fingerfertigkeit.

Nachahmen ist eine natürliche, ursprüngliche Form des Lernens für die grundlegenden Fähigkeiten und Fertigkeiten des Lebens. Warum also nicht auch aus dem Erfolg anderer lernen, indem man sie studiert und kopiert? Weil Sie damit eine Kopie eines anderen werden. Wer in die Fußstapfen eines anderen tritt, wird ihn nie überholen!

Sie halten mir nun entgegen, dass es Ihnen reicht, annähernd so gut wie Ihr Vorbild zu werden, sie wollten ihn/sie ja gar nicht überholen! Zwei Gedanken, die dagegen sprechen:

Die Welt braucht Originale. Wir leben ohnedies in einer Zeit, die in Konformität versinkt – überall das gleiche Angebot, überall auf der Welt die gleichen Produkte. Versuchen Sie Souvenirs von Ihren Reisen mitzubringen, es wird Ihnen nicht gelingen, noch originell Bodenständiges zu finden, das nicht ohnehin als „Exotisches" ebenso in einer Boutique in Ihrer Heimatstadt zu finden ist. Der gleiche Bestseller auf der ganzen Welt. Selbst aus den Radios in Tibet dudelt Ihnen die Nummer 1 am Hitmarkt entgegen.

Eine solche uniforme Welt schreit nach Originalität. Weil wir so wenig davon haben, werden oft genug schlechte Manieren, oberflächliche Exzentrizität oder Exaltiertheit als Originalität verkauft.

Als Ausgleich für die große Langeweile, die sich ganz zwangsläufig aus einer gleichförmigen Welt ergibt, ist Echtheit gefragt – Authentizität – Sie als Persönlichkeit – als unverwechselbares Original, nicht als Kopie eines noch so erfolgreichen anderen.

Doch es spricht noch etwas anderes dagegen, durch Kopieren fremder Erfolge reüssieren zu wollen. Und das betrifft Sie in Ihrem Innersten, Ihre psychische Gesundheit. Selbstverständlich können Sie von anderen lernen – doch müssen Sie Ihren persönlichen Stil entwickeln, Ihren unverwechselbaren Weg finden, der Ihrem Wesen entspricht, Ihre Stärken sinnvoll einsetzt und Ihre Schwächen geschickt umschifft. Sonst werden Sie sich fremd fühlen in Ihrem eigenen Leben.

Im Verkauf, wenn Sie von anderen etwas erreichen wollen, ist Ihre Persönlichkeit gefordert, nicht Tricks. Sie meinen, es gibt erfolgreiche Tricks, die es wert sind, dass man sie kopiert? Was steht hinter diesen „Tricks"? Die mehr oder weniger gute Umsetzung einer psychologischen Erkenntnis. Wenn Sie sich nicht auf den Trick, sondern die menschliche Erkenntnis stützen, können Sie beides: den Weg finden, der Ihrem individuellen Stil entspricht und – das ist noch wichtiger – die Art und Weise wählen, die auf den Menschen abgestimmt ist, den Sie überzeugen wollen.

Konkretes Beispiel gewünscht?

Sie kennen den „Empfehlungstrick". Wenn etwas empfohlen wird, gewinnt es automatisch an Wert. Daher arbeiten viele – auch durchaus erfolgreiche – Verkäufer mit Empfehlungsschreiben oder versichern im Brustton der Überzeugung: „Das verwende ich auch und das hat sich wunderbar bewährt."

Kopierenswerter Trick?

Besser ist, Sie verstehen die Gründe, warum dieser Empfehlungs-Mechanismus funktioniert, und wenden die Erkenntnis an, indem Sie sich situationsbezogen darauf besinnen – also auf Ihren Gesprächspartner abgestimmt.

Was liegt unserer Sucht nach Empfehlungen zugrunde?

Einerseits haben viele Menschen keine eigene Meinung und ziehen es daher vor, sich die Meinung von Vorbildern zu Eigen zu machen. Meistens trauen Sie sich aus Unsicherheit keine eigene Entscheidung zu und lehnen sich daher lieber an andere an. Andererseits sind wir soziale Wesen, die anerkannt werden und dazugehören wollen. Damit orientieren wir uns ganz automatisch an der Meinung der Gruppe, in der wir integriert sind oder der wir angehören wollen. Wir suchen also die „soziale Bewährtheit".

Bei Ihrer pubertierenden Tochter wird das Argument, dass Oma der gleichen Ansicht ist, eher das Gegenteil dessen bewirken, was Sie erreichen wollten. Für den Lebensabschnitt der Pubertät wird die Oma nicht die soziale Bewährtheit vermitteln können, die Ihre Tochter sucht. Eine Empfehlung von Hans wird die Unsicherheit Ihrer Freundin Susi bei einer Entscheidung nicht verringern, weil Susi keineswegs von dessen Kompetenz in dieser Angelegenheit überzeugt ist.

Wenn Sie mir als Fachverkäufer für Werkzeuge versichern, dass Sie sich die gleiche Bohrmaschine zugelegt haben, weil sie einfach zu bedienen sei, wird mich dies als blutigen Anfänger im Selbstwerken nicht unbedingt überzeugen. Wenn Sie sich meiner Unsicherheit bewusst sind, werden Ihnen andere Ideen kommen, dieser zu begegnen: Sie nehmen die Maschine aus der Verpackung, zeigen mir, wie man sie in Betrieb nimmt, drücken sie mir dann in die Hand und lassen mich damit ein Loch bohren.

Ganz besonders negativ kann es sich auswirken, wenn sehr individuelle Stile kopiert werden, in der Hoffnung, damit auch den Erfolg des Vorbildes „kopieren“ zu können.

„Hat Ihnen heute schon jemand gesagt, wie gut Sie aussehen?“, mag für den Typ eines liebenswerten Charmeurs ein erfolgreicher Gesprächseinstieg bei Einkäuferinnen von Parfümerien sein. Aus seinem Munde mögen es die Frauen als kleine freche Lüge einstufen, die man dennoch gerne hört. Ein inneres Schmunzeln über diesen Schwerenöter veranlasst sie, ihm zuzuhören und sich wohlwollend die neue Duftkollektion vorführen zu lassen.

In seiner Art ist er vielleicht so etwas wie ein Original. Wenn Sie oder ich die Masche kopieren, werden wir möglicherweise lediglich Befremden ernten, weil es aus unserem Mund nur komisch klingt. Wenn wir die Antwort auf die Frage „Was macht ihn erfolgreich?“ finden, werden wir – ohne zu kopieren – unsere individuelle Art des Türöffnens entwickeln können.

Auf die Frage „Was macht uns erfolgreich?“ sind die Gedanken dieses Buches ausgerichtet.

Die Umsetzung des Gedankens

Worin liegt Ihre Besonderheit, Ihre Originalität? Fragen Sie Ihre Umgebung.

Fragen Sie die Menschen um sich, wie diese Sie sehen.

Was charakterisiert Sie – was an Ihnen wird als echt empfunden?

Wo fühlen Sie sich selbst unecht und gekünstelt – vielleicht weil Sie es sich zur Gewohnheit gemacht haben, ein unpassendes Vorbild zu kopieren?

Das Problem mit Erfolgsstorys ist,

- *dass sie selten etwas aussagen über das Umfeld, in dem sie möglich wurden,*
- *dass sie davon gefärbt sind, wie der Erfolgreiche sich gerne zeigen möchte,*
- *dass sie extrem verallgemeinern und meist wenige Aspekte eines erfolgreichen Tuns zeigen, die, isoliert betrachtet, bei weitem nicht den Ausschlag für den Erfolg gaben.*

Man kann zweifellos an Vorbildern lernen. Beobachten Sie, analysieren Sie, fragen Sie nach den Hintergründen und gehen Sie dann Ihren eigenen Weg.

So sollten Sie keines der Beispiele, die Ihnen hier in diesem Buch geboten werden, als Kopiervorlage sehen. Sie sind dazu da, die dargestellten Gedanken zu veranschaulichen, plastischer, verständlicher zu machen – nicht mehr!

13 Gelebte Freundlichkeit – ein Gradmesser von Intelligenz

WIE ANGENEHM IST ES DOCH,
FREUNDLICH ZU SEIN!
EIN GUTES WORT ENTSCHLÜPFT
WIE EIN WOHLIGER SEUFZER.
BERTOLT BRECHT (1898 – 1956),
DEUTSCHER DRAMATIKER UND ERZÄHLER

Sie sind nie unfreundlich?

Die Forderung nach Freundlichkeit erscheint Ihnen als extreme Banalität?

Sie sind nicht unfreundlich – gut! „Nicht unfreundlich" bedeutet jedoch noch lange nicht „freundlich". Darin steckt ein weit verbreitetes Missverständnis. Und die Ursache für das Unverständnis so mancher im Verkauf tätigen Damen und Herren, wenn in Verkaufsschulungen dem Thema „Freundlichkeit" Gedanken und Zeit gewidmet werden.

Das Ziel ist meistens „nicht unfreundlich" zu sein, das heißt, man nimmt sich zusammen, lässt seinen Launen nicht freien Lauf, gibt keine Unhöflichkeiten von sich, sagt „Guten Tag" und „Auf Wiedersehen" – und das war's schon?

Nein – Freundlichkeit fängt jetzt erst an.

Ein nicht unfreundlicher Mensch mag ein korrekt höflicher, jedoch distanzierter Mensch sein, vielleicht sogar ein gleichgültiger. Ein freundlicher Mensch ist engagiert, nimmt sein Gegenüber zur Kenntnis und nimmt Rücksicht auf die Gefühle seines Gesprächspartners. Diese Achtung vor den Empfindlichkeiten des Gesprächspartners trennt so manchen „zuckersüßen" Smalltalk von wirklich freundlich gemeinten Gesprächen.

{ **Freundlichkeit ist aktiv!** }

Freundlichkeit ist nicht passiv wie die Abwesenheit von Unfreundlichkeit, sondern Freundlichkeit ist das aktive Bemühen, den andern mit Zuvorkommenheit und innerem Engagement zu behandeln. Freundlichkeit ist der aktive Ausdruck einer positiven Gesinnung gegenüber den Mitmenschen und kommt – entsprechend dem jeweiligen Naturell und Temperament – in einer weiten Bandbreite zum Ausdruck: von rauer Herzlichkeit, zurückhaltendem Entgegenkommen bis hin zu überschwänglicher Aufmerksamkeit.

Freundlichkeit ist demnach Mühe?

Ja, und eine lohnende Investition. Auch vom absolut selbstsüchtigen Standpunkt aus ist Freundlichkeit eine Forderung emotionaler Intelligenz. Freundlichkeit öffnet Ihnen den Zugang zu anderen und macht es Ihnen leichter, das zu erreichen, was Sie wollen. Gelebte Freundlichkeit veranlasst andere, Ihnen die Freundlichkeit zurückzugeben und erleichtert Ihnen damit das tägliche Leben.

Selbstverständlich ist das kein automatisches Tauschgeschäft und Sie werden in Ausnahmefällen auf dumme Menschen treffen, die Ihnen trotz Ihres freundlichen Entgegenkommens mit präpotenter Unfreundlichkeit begegnen. Doch das sollte deren Problem sein – nicht Ihres.

Freundlichkeit gibt Energie

Freundlichkeit wirkt sich positiv auf den Energiehaushalt aus, weil sie einen gesunden Rückkopplungseffekt hat. Gelebte Freundlichkeit bedeutet, die sympathischen Seiten am Gesprächspartner zu sehen und darauf zu reagieren. Das erleichtert Ihnen beispielsweise die Arbeit, weil es wesentlich leichter ist, mit sympathischen Menschen zu leben und zu arbeiten als mit solchen, zu denen Sie keinen Zugang, keine Brücke der Sympathie herstellen können. Der Grundstein für gelebte Freundlichkeit wird von den Eltern und der Schule gelegt.

Freundlichkeit gerade für die nächst stehenden Menschen wird jedoch so oft vernachlässigt! Dies basiert auf dem Irrtum, Freundlichkeit sei eben Höflichkeit, gute Manieren. An guten Manieren lassen wir es ja gerne zu Hause fehlen und gönnen uns eine Auszeit von dieser Disziplin.

Freundlichkeit bedeutet, dem menschlichen Grundbedürfnis schlechthin entgegenzukommen: wichtig zu sein und anerkannt zu werden. Immer wieder warten wir darauf, das zuerst vom anderen zu bekommen. Erst dann sind wir langsam und zögerlich bereit, dem anderen das zu geben, was er so dringlich ersehnt. Dass diese Rechnung nicht aufgehen kann, muss eigentlich jedem intelligenten Menschen klar sein. Wo der Funke entzündet wird, springt er über. Wer die Flamme erstickt, erreicht damit, dass es dunkel bleibt.

Sie fragen: „Warum sollte ich freundlich sein?“

Dagegen steht die Frage: „Warum nicht?“

„Meine Philosophie ist Freundlichkeit“, bekennt der Dalai-Lama. Die große Achtung, die er bei vielen Menschen auf der ganzen Welt genießt, weit über die Grenzen der Religion hinaus, beweist, wie richtig seine Einstellung ist.

Machen Sie Freundlichkeit zu Ihrem Lebensprinzip!

Die Umsetzung des Gedankens

Wo liegt Ihr vernachlässigtes Freundlichkeits-Potenzial?

Fangen Sie bei Ihnen wichtigen Menschen an! Wo können Sie freundlich sein, ohne dass es Sie große Opfer kostet?

Vieles ist so einfach – man muss sein Denken positiv darauf ausrichten und sich die ersten Erfolgserlebnisse gezielt verschaffen.

Wodurch können Sie Freundlichkeit leben?

Nehmen Sie sich Zeit für ein paar Worte mehr als sachlich notwendig. Kommunikation dient nicht nur der Übermittlung von Informationen, sondern transportiert gute Laune und Anteilnahme am Leben des anderen.

Auch gegenüber Fremden kann ein Lächeln, das erwidert wird, Ihnen und dem anderen Freude machen. Ein fester, warmer Händedruck unterstreicht ein herzliches Willkommen. Ein offener Blick des Einverständnisses zum richtigen Zeitpunkt verbindet mehr, als viele Worte auszudrücken vermögen. Eine Notiz mit wenigen Worten, eine Kleinigkeit, die beweist, dass Sie an den anderen gedacht haben, lässt die Sonne an einem Regentag scheinen.

Beginnen Sie einfach. Wenn Sie erst einmal so richtig damit losgelegt haben und die Früchte ernten, werden Sie gar nicht mehr damit aufhören wollen und die Ideen für immer neue Arten, Freundlichkeiten zu leben, werden sich von selbst einstellen.

Freundlichkeit wird zum selbstverständlichen Training Ihrer emotionellen Intelligenz.

....

....

14 Die Fähigkeit, andere sympathisch zu finden

DIE WAHRE LEBENSWEISHEIT BESTEHT DARIN,
IM ALLTÄGLICHEN DAS WUNDERBARE ZU SEHEN.
PEARL S. BUCK (1892 – 1973),
US-AMERIKANISCHE SCHRIFTSTELLERIN,
NOBELPREIS FÜR LITERATUR 1938

Wenn Sie sich nicht als Eremit zurückziehen wollen, müssen Sie sich tagtäglich mit vielen Menschen abgeben, die Sie sich nicht ausgesucht haben: Ihre Kunden, Arbeitskollegen, Verwandte und deren angeheiratete Partner. Ja sogar Ihre Kinder müssen Sie akzeptieren, wie sie sich auch entwickeln – Sie können sie nicht mehr umtauschen.

Um Ihnen den Umgang mit all diesen eher zufällig bzw. schicksalhaft mit Ihnen verbundenen Menschen zu erleichtern, ist es sinnvoll, die Seiten zu suchen, die sie sympathisch machen. Sie wollen doch lieber von sympathischen Menschen umgeben sein – nicht?

Ob Ihnen ein Mensch sympathisch ist oder nicht, hängt zu einem Teil von dessen Anlagen und seinem Verhalten ab, zu einem nicht unwesentlichen Teil von Ihren Gedanken über ihn.

Erinnern Sie sich! Sie waren in einer Stimmung, in der Sie die Welt umarmen hätten können – war es, als Sie das letzte Mal verliebt waren? Sie waren auf einer Gesellschaft mit lauter fremden Menschen, Sie fühlten sich wohl und zu Hause. Sie waren glücklich und siehe da – es war erstaunlich, welch reizende Runde sympathischer Menschen Sie an diesem Abend trafen. Locker und offen gingen Sie auf die Menschen zu – es war ja leicht, Sie badeten richtiggehend in der freundlichen Atmosphäre rund um Sie herum.

Erinnern Sie sich? Eigentlich wollten Sie gar nicht mitgehen. Es war ein deprimierender Tag und Sie fühlten sich gereizt und verletzlich. Unschlüssig, ob Sie nicht besser gleich heimgehen sollten, standen Sie abseits und blickten um sich. Lauter unsympathische Menschen, kein Wunder, dass Sie sich nicht wohl fühlten. Der Typ gegenüber, wie der Sie angrinste – richtig widerwärtig! Dann erst dieses eigenartige weibliche Wesen, das den Mund nicht aufbekam, einfach unliebsam!

Sie erinnern sich sicherlich an vergleichbare Situationen und wissen nun schon, worauf das hinausläuft.

Es liegt an der Brille, durch die wir die Welt betrachten. Wenn Sie bereit sind, einen Menschen als sympathisch einzustufen, werden Sie auch eine Begründung dafür finden. Es sind ganz wenige Menschen, die uns damit vor eine unlösbare Aufgabe stellen, weil sie so gar nichts haben, was anziehend an ihnen wirkt. Der Großteil bietet eine Reihe liebenswerter Facetten, die wir bereit sein müssen, aufzunehmen: schöne Hände, sprechende Augen, ein liebenswürdiges Lächeln (wer sollte dieses Lächeln auf die Lippen dieses Menschen zaubern, wenn nicht wir selbst?), eine angenehme Stimme, eine interessante Sprache, eine ulkige Ausdrucksweise, über die man herzlich lachen kann (wenn man dazu bereit ist!).

Wir zahlen hohe Eintrittspreise, um uns skurriles Theater anzusehen – und wenn wir dem Skurrilen im Alltag begegnen, wissen wir es nicht zu schätzen? Wir amüsieren uns über das Groteske in der Kunst, warum ist uns ein lebendiges Antreffen dann nicht sympathisch? Uns erheitert Naivität im Film – warum nicht auch im Leben?

Also weg vom ersten, oberflächlichen Eindruck und tiefer graben! Meistens mangelt es an der Vielfalt und der Breite unserer eigenen Empfindungen. Wir fühlen uns unsicher, sind deprimiert und stellen aus unserer Verletzlichkeit heraus überzogene Anforderungen an unsere Umgebung. Sehr oft bleiben uns Menschen unsympathisch, weil wir zu wenig von ihnen wissen. Das Wenige, was wir wissen, belegen wir mit negativen Vorurteilen – wann haben wir schon positive?

Das Geheimnis, jemanden sympathisch zu finden, heißt also, ihn näher kennen zu lernen, mehr von ihm zu wissen, ihn besser beurteilen können. Dem Menschen eine Chance geben, die gewinnenden Seiten zu zeigen!

Hand aufs Herz! Wie oft ist es Ihnen schon passiert, dass Sie Ihre Meinung über einen „Widerling" revidiert haben, weil Sie plötzlich entdecken mussten, dass hinter der für Sie abstoßenden Fassade interessante menschliche Qualitäten verborgen waren?

Hand aufs Herz! Wie schwer ist Ihnen diese Meinungsänderung gefallen, wie schwer haben Sie es diesem Menschen gemacht, in Ihrer Achtung zu steigen? Wie sehr haben Sie nach Gründen gesucht, um bei Ihrer ursprünglichen Ablehnung bleiben zu können?

Wir alle ändern unsere Meinung höchst ungern! Unsere Erziehung verlangt, zu unserer „Meinung zu stehen!“ Dazuzulernen, klüger zu werden, wird gesellschaftlich nicht anerkannt: „Gestern warst du anderer Meinung!“, heißt es dann in einem vorwurfsvollen Ton, und man handelt sich den Tadel zweifelhafter Verlässlichkeit ein oder wird gar als charakterloser Wendehals abgestempelt. Diesem Vorwurf hielt schon Konrad Adenauer entgegen: „Niemand kann mich hindern, heute klüger zu sein als gestern.“

Sicher, Menschen anziehend zu finden stellt Anforderungen an die eigene Denkfähigkeit und Emotionalität. Es macht sich jedoch bezahlt! Sympathische Menschen beflügeln uns. Sie machen es uns leichter zu denken, auf sie einzugehen. Sie verhelfen uns zu einem humorvollen und gelassenen Umgang mit unserer Umgebung.

Die Kunst, Menschen sympathisch zu finden, ist daher eine Frage der Vernunft und der Hygiene für unsere Psyche.

Hier knüpfen wir an den nächsten Gedanken an: „Sie sind, was Sie denken.“ Wenn Sie Menschen sympathisch finden, werden im Gegenzug auch andere das von Ihnen denken und sich Ihnen gegenüber sympathisch verhalten. Dazu mehr im nächsten Kapitel.

Die Umsetzung des Gedankens

Picken Sie sich die- oder denjenigen heraus, dessen Existenz Sie am meisten quält: zum Beispiel ein unliebsamer Kunde oder die Freundin Ihres besten Freundes, die Ihnen immer noch von Herzen unsympathisch ist.

Um mit der Übung, Menschen sympathisch finden zu können, zu beginnen, sollten Sie hoch motiviert sein – wählen Sie also einen wirklich brisanten Fall.

Warum ist Ihnen dieser Mensch unsympathisch?

„Eben so!“ ist keine gültige Antwort, und kommen Sie auch nicht mit der Ausrede der „Chemie“. „Nicht riechen können“ klingt eher nach Ausrede, weil Sie ja nicht gleich eine Intimbeziehung eingehen sollen, wo das zweifellos zur wichtigen Frage werden kann.

In 90 Prozent der Fälle wird eine Analyse zu dem Ergebnis führen: Dieser Mensch kommt Ihnen nicht entgegen, Sie fühlen sich abgewiesen, als Mensch nicht respektiert.

Sie fühlen sich nicht umworben, wichtig und ernst genommen – flugs ist Ihnen der andere unsympathisch und auch Sie kommen ihm nicht entgegen. Höchstwahrscheinlich ist das eine Wechselbeziehung, zu welcher der andere oder auch Sie selbst den Grundstein gelegt haben.

Das ist eine natürliche Reaktion und Ihnen nicht grundsätzlich vorzuwerfen. Vielleicht hat der andere die gleichen Probleme? Es ist der Beginn einer Spirale der Missverständnisse und Ablehnung und führt Sie nicht weiter. Brechen Sie aus und gehen Sie auf den anderen zu. Zeigen Sie eine menschliche Seite an sich – oder besser noch, geben Sie dem anderen Gelegenheit, sich Ihnen gegenüber menschlich zu verhalten: Fragen Sie ihn nach seiner Meinung, suchen Sie seinen Rat oder seine Empfehlung.

Gestatten Sie dem anderen über Dinge zu sprechen, die er/sie schätzt oder gar liebt. Sie werden es erleben – Begeisterung, die aus einem Menschen leuchtet, ist ungeheuer reizvoll, und sie werden diesen Menschen in einem ganz anderen Licht sehen.

Schließlich werden Sie es genießen, von so vielen sympathischen Menschen umgeben zu sein.

15 Sie sind, was Sie denken

DIE MEISTEN MENSCHEN SIND SO GLÜCKLICH,
WIE SIE SEIN WOLLEN.
ABRAHAM LINCOLN (1809 – 1865),
US-AMERIKANISCHER STAATSPRÄSIDENT

Ihre Gedanken über sich selbst bestimmen Ihr Leben! Sie sind so erfolgreich, wie Sie es sich selbst zutrauen.

Phantasien und Ängste über möglichen Misserfolg vergiften unser Leben. Eine realistische Einschätzung unserer Fähigkeiten und Möglichkeiten ist notwendig. Kritik wird in unserer Erziehung bei weitem überbetont. In der ständigen Konfrontation mit unseren Fehlern und Schwächen bleibt unser Denken auf deren Vermeidung konzentriert und wird nicht frei für ein zukunftsorientiertes Visualisieren* unserer Chancen und Gelegenheiten. Viele von uns sperren sich so in viel zu enge Grenzen.

Schließlich fürchten wir die Kritiker und wappnen uns dagegen – auch gegen gesunde Selbstkritik. Selbstkritik ist nötig, um ein realistisches Bild von sich selbst zu entwickeln, den eigenen Wert zu erkennen und darauf ein stabiles Selbstwertgefühl aufzubauen.

In jedem Moment unseres Lebens stellen sich uns Handlungsalternativen. Welchen Weg wir gehen, welche Gelegenheit wir überhaupt wahrnehmen, wird davon bestimmt, was wir über uns denken, was wir uns zutrauen, was wir für realisierbar halten.

Unsere Wahrnehmung ist selektiv. Von den vielen möglichen Eindrücken, die ständig auf uns einprasseln, filtert unser Bewusstsein jene heraus, zu denen es einen Bezug herstellen kann. Sie kennen das: Sie haben die Autotype gewechselt und plötzlich sind Sie ganz erstaunt, wie viele diesen Typ fahren. Vorher haben Sie das nie bewusst wahrgenommen.

Ist Ihr Denken davon erfüllt, dass Sie ständig auf Widerstand stoßen und unfreundlichen Kunden begegnen, dann wird sich diese Erwartungshaltung in Ihrer Körpersprache unbewusst manifestieren. Menschen, die Ihnen begegnen, werden Ihre unbewusste Ablehnung spüren und mit Unsicherheit und Unfreundlichkeit reagieren.

Und so schließt sich der Kreis:

- Was Sie denken, strahlen Sie aus,
- was Sie ausstrahlen, kommt auf Sie zurück,
- Sie sind, was Sie denken.

Wenn Sie sich als Mann unattraktiv und uninteressant fühlen, werden Sie die entgegenkommenden Signale der hübschen Dame zwei Tische weiter gar nicht wahrnehmen. Warum quält Sie jeder zweite Kunde mit unverschämten Rabattforderungen, Ihr Kollege hingegen hat ständig das Glück, von solchen Rabattsportlern verschont zu bleiben? Warum geschehen uns immer wieder Dinge, die wir um jeden Preis vermeiden wollen? Warum sind wir immer wieder Opfer der gleichen Masche unfairer Zeitgenossen? Wie lässt sich der Teufelskreis durchbrechen?

Machen Sie einen Denksprung!

Erwarten Sie nicht, von Ihren Kunden sofort nach einem Rabatt gefragt zu werden, wie jener Autoverkäufer, der seine Abschlüsse nur mit doppelt so viel Rabatt wie seine Kollegen erreichen konnte. Er merkte gar nicht mehr, dass er seine Kunden richtig darauf hinführte. Natürlich sprach er den Begriff „Rabatt" nicht direkt an, sein ständiges Herumreden um den Preis forderte die Frage aber heraus, während seine Kollegen mit ihren Kunden über alles andere als den Preis diskutierten.

Gehen Sie nicht Montagmorgens ins Büro mit der fixen Aussicht, lange, arbeitsunwillige Gesichter zu sehen. Wahrscheinlich warten Ihre Mitarbeiter auch bereits auf Ihre gespannte Gereiztheit, um einen Grund zu bekommen, den Beginn der neuen Arbeitswoche zu beklagen. Verbeißen Sie sich nicht in Gedanken, wie das Leben *nicht* sein soll – schwelgen Sie in Visionen darüber, wie es sein könnte und sein sollte.

Wenn wir einmal direkt gefordert werden, Wünsche auszusprechen, so können wir meistens genau sagen, was wir nicht wollen. Doch die wenigsten sind in der Lage, Ihre Wünsche positiv auszudrücken. Wenn Sie hier und jetzt gefragt würden: „Welche beruflichen Wünsche haben Sie?" Könnten Sie konkret antworten?

Durchbrechen Sie den Teufelskreis des negativen Denkens und machen Sie daraus einen Erfolgskreis Ihrer positiven Gedanken über sich selbst:

- Sprechen Sie nicht von Befürchtungen, sondern von Hoffnungen.

- Machen Sie sich nicht auf Ablehnung gefasst, sondern erwidern Sie gleich mal das erwartete Lächeln.
- Freuen Sie sich über das Erreichte und verabschieden Sie sich von Unerreichbarem.
- Wenn Sie sich etwas ganz ernsthaft wünschen, dann trauen Sie sich das auch zu und stehen zu Ihrem Ziel. Machen Sie sich mit Bedacht und Geduld auf den Weg.

Die Umsetzung des Gedankens

Kennen Sie Ihre Einstellung zu sich selbst und Ihrem Leben?

- *Was halten Sie von sich?*
- *Was erwarten Sie vom Leben?*
- *Was trauen Sie sich eigentlich zu?*
- *Wo stehen Sie Ihrem Erfolg selbst im Weg?*

Hin und wieder sollte man sich diese Fragen stellen. Der Druck des Alltags lässt so manches vergessen, trübt den Blick für das Wesentliche.

Wie ist Ihre Einstellung zu sich selbst?

Können Sie es sich selbst niemals recht machen? Was immer Sie erreichen, es ist stets zu wenig? Nie zufrieden mit sich selbst – nicht mit dem Äußeren, nicht mit den Leistungen?

Diesen mangelnden Respekt, diese ständige Unzufriedenheit strahlen Sie aus. Das ist höchst verwirrend für Ihre Umgebung, wenn Sie ständig signalisieren, dass Sie sich selbst nicht viel Wert beimessen. Welchen Denksprung müssen Sie also machen, um sich selbst aus dieser negativen Spirale zu entlassen?

Arbeiten Sie an einem Selbstbild, das die positiven Seiten Ihres Lebens betont, und gehen Sie mit sich selbst tolerant und liebevoll um. Setzen Sie sich die Latte nicht unrealistisch hoch, sondern freuen Sie sich an kleinen Erfolgen – die großen stellen sich dann von selbst ein.

Ein positives Selbstkonzept gibt Ihnen die Ausstrahlung eines erfolgssicheren Menschen.

Wenn Sie auf Erfolg vertrauen, werden Sie erfolgreich sein, weil auch die Umwelt Sie so sieht und in einer selbsterfüllenden Prophezeiung Ihnen diesen Erfolg zukommen lässt.

So einfach ist das!

Genauso einfach machen Sie sich jedoch auch selbst zum Versager, wenn Sie sich selbst nichts zutrauen, wenn Sie sich selbst für minderwertig halten.

Arbeiten Sie an einer guten Beziehung zu sich selbst!

16 Die Körpersprache kennt keine Lüge

DER MENSCH KANN MIT DEM MUND
SO VIEL LÜGEN, WIE ER WILL –
MIT DEM GESICHT, DAS ER MACHT,
SAGT ER STETS DIE WAHRHEIT.
FRIEDRICH NIETZSCHE (1844 – 1900),
DEUTSCHER PHILOSOPH

Ihr Kunde stürzt Ihnen mit einem strahlenden Lächeln und ausgestreckten Armen entgegen. Seine nicht unbeträchtliche Leibesfülle rollt voll Begeisterung auf Sie zu.

„Schön, Sie zu sehen. Dann fängt die Woche ja gleich positiv an", spulen Sie den zurechtgelegten Text ab – und machen einen Schritt zurück. Ihr Körper lügt nicht und verrät Ihre innere Ablehnung von so großer Überschwänglichkeit.

In der Körpersprache spricht der stille, nicht rationale Teil unserer Seele. Sie ist also genau genommen unsere „Gefühlssprache".

Eine Freundin erzählt in heiterem Ton, den langweiligen Typ endlich los zu sein, mit dem sie bisher zusammengelebt hat. Sie verstehen dennoch, dass ihr gar nicht so heiter zumute ist, weil Sie ihre deutliche Körpersprache unbewusst interpretieren: das nervöse Spiel mit den Haaren, den unruhig herumwandernden Blick, die hochgezogenen Schultern und vieles andere mehr.

Wir senden und empfangen laufend körperliche Signale, ohne uns dessen besonders bewusst zu werden. Nonverbales, also körpersprachliches Verhalten ist angeboren, wir müssen es daher nicht lernen, sondern verstehen es instinktiv. Genauso instinktiv senden wir auch unsere Signale aus, die von den anderen gedeutet werden. Wir reden und hören dementsprechend in zwei Sprachen – mit Worten und mit dem Körper.

Im günstigsten Fall verstärkt die Körpersprache das Gesagte und macht uns authentisch*. Wenn Sie also in unserem Anfangsbeispiel Ihrem Kunden ein „Schön, Sie zu sehen, so viel Überschwang überwältigt mich" entgegenhalten, unterstreicht Ihr Schritt zurück den vermeintlichen Scherz.

Im problematischen Fall widerspricht der Körper jedoch den gesprochenen Worten – und das merkt Ihr Gegenüber. Das erzeugt Misstrauen und Sie werden als unaufrichtig und unsympathisch eingestuft.

Achtung! Es gibt eine Reihe kultureller Unterschiede in der Körpersprache: so zum Beispiel nicken Bulgaren, wenn sie etwas verneinen wollen. Auch wenn wir ein deutliches „Nein“ aus dem Munde eines Bulgaren vernommen haben, werden wir automatisch argwöhnisch reagieren – und vielleicht gar nicht sagen können, warum. Wir haben die für uns gegenläufige Körpersprache möglicherweise nur unbewusst aufgenommen.

Der Körper lügt nicht – er reagiert kulturspezifisch, den Erbanlagen und der Sozialisation* entsprechend. Sind wir also zur vollkommenen Aufrichtigkeit verurteilt? Wie kann es dann doch so viele Missverständnisse zwischen Menschen geben?

Wir haben unsere Fähigkeit einrosten lassen, die Körpersprache richtig zu deuten. Zu viel Ablenkung, zu viele Dinge gleichzeitig haben uns weniger empfindsam für das Hinhören, Hinschauen und Hinfühlen gemacht. Wir müssen es wieder trainieren.

Ihr Hund oder Ihre Katze zeigen Ihnen täglich, wie gut sie es beherrschen: Ihr Hund versteht aus der Art, wie Sie sich aus Ihrem Sessel erheben, was Sie weiterhin zu tun beabsichtigen – ob Sie sich lediglich etwas holen oder ob es endlich den ersehnten Aufbruch zum Spazierengehen bedeutet.

Wir hören – und da meistens recht oberflächlich – auf die gesprochenen Worte. In vielen Fällen wird uns recht wenig Körpersprache geboten: am Telefon, im Radio können wir bloß aus der Stimme Zwischentöne heraushören – durch Nebengeräusche und Ablenkungen gestört und somit schwer wahrnehmbar. Auch im Fernsehen sehen wir selten den gesamten Körper des Sprechenden und dadurch wird der Gesamteindruck reduziert.

Nur in der ungestörten, persönlichen Begegnung haben wir die Chance, beide Sprachen – Wort und Körper – aufzunehmen und zu deuten. Doch wann konzentrieren wir uns wirklich voll auf unser Gegenüber?

Erinnern Sie sich an den Ausdruck in den Augen Ihrer Frau/Ihres Mannes heute Morgen beim Frühstück? Haben Sie Ihre Frau/Ihren Mann überhaupt genau angesehen, als Sie sich verabschiedet haben?

Nur wenn wir uns mit allen unseren Sinnen auf den anderen einlassen, können wir auch der bewussten und unbewussten Mitteilung unseres Gesprächspartners näher kommen.

Haben Sie schon bewusst darüber nachgedacht, wie viel nonverbales Verhalten in unsere alltägliche Kommunikation einfließt? Sie bewundern jemanden „aufrichtig", sprechen einem anderen „jede Haltung" ab, ein Freund hat sie „sitzen lassen", weshalb Sie sich jetzt von ihm „abwenden". Um ein Problem „in den Griff zu kriegen" brauchen Sie „Fingerspitzengefühl". Wenn Sie „begreifen" wollen, was Menschen wirklich mitteilen, müssen Sie eben hinsehen, beobachten und ein Gespür für die Übereinstimmung oder den Widerspruch zum gesprochenen Wort entwickeln.

Nun will man nicht immer sein Innerstes vor aller Welt offenbaren. Wie können wir unsere Körpersprache beherrschen, um den gewünschten Eindruck zu erzeugen? Die Körpersprache ist begrenzt – die Signale verraten zwar die dahinter stehenden Gefühle, verschweigen jedoch, worauf sie sich beziehen. Sie haben also zwei Möglichkeiten, Ihre Körpersprache zu beeinflussen.

Möglichkeit 1: Sie wollen jemandem Ihre Antipathie* verbergen und haben Angst, dass ein künstlich aufgesetztes Lächeln Sie verrät. Denken Sie an eine schöne Begebenheit – denken Sie an einen lieben Menschen, sehen Sie ihn vor sich und Ihr Lächeln wird nicht misslingen. Ihr Lächeln ist echt, weil es jemand anderem gilt – das hingegen steht nicht in Ihrem Gesicht geschrieben.

Möglichkeit 2: Sie werden sich bewusst, was Sie im Moment empfinden und damit, welche Signale Ihr Äußeres gerade ausstrahlt. Statt die Signale zu verleugnen, gestehen Sie Ihre Empfindungen durch Worte ein, geben indes eine andere Ursache an.

Eine Freundin wendet sich mit einem Anliegen an Sie. Sie schauen verstohlen auf die Uhr – eigentlich kommt sie nicht gelegen. Ihr Körper hat es bereits verraten. Sie münzen es um: „Ich überlege gerade, wie ich dafür sorgen kann, dass uns niemand stört" – und sie stellen demonstrativ ihr Handy ab. Ihre Freundin fühlt sich wichtig genommen und Sie haben die verräterische Körpersprache korrigiert.

Es ist immer der gesamte Körper, der Ihre Gefühle ausdrückt – es nützt daher nichts, auf einzelne Signale zu achten oder diese bewusst einzusetzen.

Kein Signal hat für sich genommen eine feste Bedeutung. Immer steht es in Zusammenhang mit anderem körperlichem Ausdruck. Denken Sie darüber nach, was ein Lächeln alles sein kann: Es kann einen Kontaktwunsch und auch Verlegenheit bekunden. Es kann als Frage im Raum stehen, eine Bitte um Entschuldigung darstellen oder als Versuch eingesetzt werden, zu beschwichtigen. Immer gibt erst die übrige Körperhaltung, geben die Augen, die Schultern, die Hände weitere Hinweise, wie dieses Lächeln zu verstehen ist.

Die Umsetzung des Gedankens

Werden Sie sich der eigenen und fremden Körpersprache bewusst – lernen Sie beobachten.

Wenn Sie in der Warteschlange im Supermarkt stehen, ärgern Sie sich nicht, dass nichts weiter geht. Nutzen Sie die Zeit und sehen Sie sich die Menschen rundum genauer an:

Was drückt der Körper der Mutter aus, die sich um ihren quengelnden Sohn bemüht? Was spricht sie und was sagt ihr Körper? Steht es im Einklang oder drückt ihr Körper entgegen ihren beruhigenden Worten ganz und gar Stress, Verärgerung oder gar Ablehnung aus?

Das alte Ehepaar, wie „stehen" sie im eigentlichen Sinne zueinander? Liegt Vertrautheit und Gemeinsamkeit im offenen, lockeren Nebeneinander oder zeigen sie sich gegenseitig die spitze Seite oder gar den Rücken?

Wenn Sie genauer hinsehen, was erkennen Sie außer der übertriebenen Heiterkeit an der Gruppe von Schülern, die sich lautstark in den Mittelpunkt spielt? Was offenbart sich in der Körpersprache: Missmut, echte Freude, lockerer Umgang miteinander, Unsicherheit, Überlegenheit, Frustration, Traurigkeit, unterdrückte Wut?

Sie werden Menschen besser verstehen und Spaß an Warteschlangen entwickeln.

17 Zum Wortschatz der Körpersprache

Selbst in der Körpersprache haben manche Leute
einen besseren Wortschatz als andere.
*Peter E. Schumacher (*1941),*
deutscher Aphorismensammler und Publizist

Wenn Ihnen die Worte fehlen, werden Sie nicht in der Lage sein, anderen mitzuteilen, was Sie denken und empfinden. Das Gleiche gilt für die Ausdrucksfähigkeit Ihres Körpers, der durch seine Signale Ihre Aussagen verstärken und unterstreichen soll.

Es gehört zu den Grundbedürfnissen des Menschen, sich mitzuteilen. Umgekehrt stellt die Befürchtung, seine Gedanken und Gefühle nicht verständlich ausdrücken zu können, eine Urangst der Menschen dar.

Vieles an unserem körperlichen Ausdruck ist instinktiv und unwillkürlich, d.h. nicht von unserem Willen gesteuert. Dennoch entzieht es sich nicht vollkommen der Kontrolle unseres Bewusstseins: Wir können einzelne Signale unterdrücken, wenn wir uns bewusst darauf konzentrieren, und wir können lernen, einzelne Signale bewusst auszusenden. Je besser wir dieses Spiel beherrschen – das allerdings viel Aufmerksamkeit verlangt –, umso mehr Körpersignale können wir gleichzeitig kontrollieren.

Manches an Körpersprache ist kulturspezifisch erlernt. Ob z.B. Nicken nun „Ja“ oder „Nein“ bedeutet, ist nicht überall gleich, sondern kulturspezifisches Übereinkommen.

Die persönliche Distanz eines Menschen, also jener Abstand zu anderen, dessen Unterschreitung nur den intim nahe stehenden Menschen gestattet ist, ist unterschiedlich groß und nimmt von Süden nach Norden zu. D.h. Südländer, z.B. ein Sizilianer oder ein Grieche, gestatten auch Fremden eine größere Annäherung als Vertreter des kühlen Nordens wie z.B. Skandinavier. Das kann zu erheblichen Missverständnissen führen.

Stellen Sie sich vor, Sie – als kühler Norddeutscher – unterhalten sich gut mit einem Sizilianer. Sie stehen vor dem kleinen Italiener in einer Ihnen angemessenen Distanz. Für Ihren Gesprächspartner ist diese Distanz jedoch zu groß, er ist in ein gutes Gespräch mit Ihnen verwickelt und tritt unwillkürlich einen Schritt näher. Seine geringere persönliche Distanz verlangt es, weil er Ihnen doch Einverständnis und Akzeptanz signalisieren will. Für Sie ist das zu nahe und Sie machen ebenso unwillkürlich einen Schritt zurück. Er kommt Ihnen nach, um erneut auszugleichen. Irgendwann können Sie keinen Schritt mehr zurück machen und fühlen sich unwohl und in die Enge getrieben. Kein Wunder, wenn Sie sich von Ihrem Gesprächspartner bedrängt fühlen. Er jedoch versteht Ihre Distanziertheit nicht.

Um aus solch unschuldigen Gegensätzen keine Konflikte entstehen zu lassen, sollte man mehr über solche Kultur- und Mentalitäts-bedingte Unterschiede wissen, was wiederum bedeutet: hinhören, hinschauen und verstehen lernen.

Warum haben Menschen also einen unterschiedlich großen Wortschatz der Körpersprache?

Unsere Körpersprache wird durch unsere Erziehung verbildet. Als Kinder werden wir großteils durch Vorschriften über eine „angemessene" Körperhaltung diszipliniert. Zusätzlich werden wir mit einem falschen Demutsideal erzogen, mit einem fast pathologischen Zwang zur Bescheidenheit. Das Kind soll selbständig, kompetent, gescheit etc. werden, jedoch es soll das nicht wissen oder zumindest nicht so tun, als wisse es um die eigene Selbständigkeit, die eigene Kompetenz, die eigenen Fähigkeiten.

Warum also sollen wir Spaß und Freude an einem Können haben, wenn wir es doch nicht zeigen dürfen? Wie sollen wir frei und ungehemmt kommunizieren lernen, wenn wir ständig durch „Disziplinierung" eingeschränkt werden?

„Trag den Kopf nicht so hoch!"

„Mach dich nicht so breit!"

„Bewege die Hände nicht beim Sprechen!"

„Stell die Füße nebeneinander!"

Damit laufen wir Gefahr, eine Körperhaltung anzunehmen, die Unsicherheit, Unterwürfigkeit und Ängstlichkeit ausdrückt:

- Wir ziehen den Kopf ein,
- wir lassen die Schultern hängen,
- wir heften unseren Blick auf die Erde,
- wir haben Hemmungen, unsere Arme zu gebrauchen und ziehen sie häufig nahe an den Körper,

- wir „kontrollieren“ unsere Gesten, d.h. wir versuchen sie zu unterdrücken.

Auch hier gilt die grundsätzliche Rückbezüglichkeit von Ausdruck und Empfinden (siehe „Sie sind, was Sie denken“). Der heranwachsende Mensch entwickelt sich so, wie er veranlasst wird, sich zu verhalten: unkonkret, ausdrucksarm in der Kommunikation und unsicher.

Wenn wir uns körperlich verschließen – d.h. die Arme dicht an den Körper anpressen, den Kopf einziehen –, macht uns das „verschlossen“. Wenn wir unseren Körper öffnen, mit lockeren Armen und Handflächen nach oben auf unsere Umgebung zugehen, öffnen wir uns auch geistig und psychisch gegenüber unserer Umwelt.

So wie ein großer, gepflegter Wortschatz unseren Geist bildet, so dehnt der Körpersprachschatz die Spannweite unserer Gefühle und unserer Seele aus.

Ihren Wortschatz müssen Sie passiv und aktiv pflegen: passiv durch Lesen oder Hören von Texten, die einen umfangreichen Wortbestand beinhalten und diesen konkret, kraftvoll und vielleicht auch kreativ einsetzen. Das aktive Training ist noch wichtiger: durch Schreiben – besser noch durch Sprechen, Diskutieren – ja auch durch qualifizierte Streitgespräche. Jedenfalls gilt es, das passende Wort zu finden, manchmal auch mit Worten zu spielen, um Ihrem Gesprächspartner ihre Gedanken bestmöglich mitzuteilen.

Doch wie trainieren Sie Ihren Körpersprachschatz?

Wiederum passiv durch Beobachten und Analysieren des Ausdrucks anderer. Im aktiven Training gilt es, sich zu befreien von Beschränkungen unserer Sozialisation*, anerzogene Hemmungen abzubauen und natürlich und ausdrucksstark zu agieren.

Gestatten Sie sich eine aufrechte Körperhaltung. Sie ist ein Signal für eine aufrechte Seele und lockert Ihre Bewegungen. Sie atmen freier und fühlen sich auch so. Entlassen Sie Ihren Körper aus der ständigen Kontrolle, „das tut man, das tut man nicht!“ Haben Sie den Mut zur kindlichen Spontaneität* im körperlichen Ausdruck. Wenn Ihnen danach ist, jemandem die Hand entgegenzustrecken, tun Sie es! Egal, ob es Ihnen nach den Regeln des Knigge zukommt oder nicht.

Sehen Sie Ihrer Umwelt in die Augen. Ausdrucksstarke Augen machen Frauen wie Männer attraktiv – eine Attraktivität, die Sie aus Ihrem Inneren entwickeln können und der das Alter nichts anhaben kann.

Lassen Sie Ihre Hände, Ihre Arme frei, um im Gespräch Ihre Worte zu untermalen und zu kommentieren, sie tun dieses oft eindeutiger und wahrhaftiger, als gesprochene Sprache das kann. Wer Gesten eher vermeidet, wirkt eingeschüchtert. Mediziner wissen beispielsweise, dass Menschen mit depressiven Störungen kaum noch Gesten einsetzen. Kraftvolle Gesten hingegen geben und vermitteln Selbstsicherheit.

Die Umsetzung des Gedankens

Laufen Sie auch vor Ihrem eigenen Bild davon?

Tun Sie nicht?

Wenn es in meinen Seminaren zum Einsatz des Videogerätes kommt, dann höre ich oft den entsetzten Aufschrei: „O Himmel, nein, ich will mich nicht anschauen müssen!"

Diese Ablehnung rührt aus der Urangst des Menschen, seine Persönlichkeit zu verlieren, wenn sein Bild auf ein Medium gebannt wird und sich dadurch von ihm „trennt". Bei so manchen Naturvölkern ist sie noch tief verwurzelt und für sie ist Fotografie und Film „Teufelswerk".

Wir, Kinder der Aufklärung, umgehen damit vielfach nur die Erkenntnis, dass wir mit einem falschen Selbstbild leben. Wir weigern uns, uns so zu sehen, wie wir sind. Das Dumme dran ist nur, dass die anderen rundum dennoch unser wirkliches Bild wahrnehmen. Was hilft uns also unsere Weigerung?

Eine Videoaufzeichnung gewährt eine ausgezeichnete Möglichkeit, sich selbst gleichsam von außen zu beobachten und die eigene Körpersprache und Ausdrucksfähigkeit zu erleben: zum Beispiel zu erkennen, wie minimalistisch Sie vielleicht Ihre Mimik und Gestik einsetzen.

Oft lehnen die Beobachter ihre eigene Körpersprache ab. „Nein, wie ich herumfuchtle mit der Hand!"

„Das ist ja nicht anzuschauen, wie ich da herumzapple!"

Dabei empfinden die anderen Teilnehmer das gar nicht so.

Bei sich selbst kann man sich von den unsinnigen Erziehungsrichtlinien nicht so schnell befreien.

Die Figuren aus den beliebten Familien-Fortsetzungsserien, die vielen Menschen vertrauter und sympathischer sind als die eigene Familie, gewinnen die Sympathie nicht zuletzt durch besondere Lebendigkeit im Ausdruck.

Schauen Sie sich eine Folge einmal bei abgedrehtem Ton an.

Und dann fassen Sie Mut, setzen sich vor den größten Spiegel im Hause und beobachten sich selbst unvoreingenommen. Schicken Sie das Teufelchen in Ihrem Nacken fort, das Ihnen einflüstert: „Pokerface ist gut, sei kühl und vornehm wie eine Statue."

Genießen Sie Ihre eigene Lebendigkeit!

18 Säulen des Selbstbewusstseins

KEIN MENSCH KANN SICH WOHL FÜHLEN,
WENN ER SICH NICHT SELBST AKZEPTIERT.
MARK TWAIN (1835 – 1910),
US-AMERIKANISCHER ERZÄHLER UND SATIRIKER

Fühlen Sie sich in der Gesellschaft unsicherer Menschen wohl? Fühlen Sie sich dadurch selbst stärker und überlegen? Wohl kaum! Ist es nicht so, dass ein unsicherer Gesprächspartner, der Ihnen nicht in die Augen sehen kann, sich nicht konkret ausdrückt, Sie selbst so weit bringt, dass Sie nicht mehr wissen, was Sie selbst wollen – außer: möglichst schnell seine Nähe zu fliehen?

Unsicherheit wirkt ansteckend! Menschen, die so offensichtlich kein Zutrauen zu ihren eigenen Fähigkeiten, zu ihrer Persönlichkeit haben, sind uns daher unangenehm. Gerade wenn wir andere von etwas überzeugen wollen, dürfen wir nicht den Eindruck vermitteln, wir wären unserer selbst nicht sicher.

Das Selbstwertgefühl ist die Erfahrung, dass wir uns dem Leben mit all seinen Anforderungen gewachsen fühlen. Es ist das Vertrauen in unsere Fähigkeiten. Die Gewissheit unseres ganz persönlichen Rechts, glücklich und erfolgreich zu sein. Das Bewusstsein unseres Wertes und unseres Rechts, unsere Bedürfnisse und Wünsche in angemessener Form geltend zu machen. Je solider unser Selbstwertgefühl ist, umso besser sind wir gerüstet, mit den alltäglichen Schwierigkeiten im Berufs- und Privatleben fertig zu werden. Sollten wir dennoch einmal auf die Nase fallen, dann hilft es uns wieder auf die Beine.

Ein hohes Selbstwertgefühl veranlasst uns, Positives vom Leben zu erwarten und es diesem abzuverlangen. Da wir dabei das Gefühl unseres inneren Reichtums einbringen, werden wir in unsere Kommunikation, in unser Handeln, in unser Urteil mehr Qualität und Gelassenheit legen und damit mehr erreichen. Was können wir tun, um unser Selbstwertgefühl aufzubauen und es aufrecht zu erhalten?

{ Bewusst leben }

Das bedeutet, das Geschehen um sich bewusst wahrzunehmen, aktiv am Leben teilzunehmen. Ihr eigenes Handeln, Ihre Absichten und Ziele zu verstehen und bewusst zu steuern.

Bewusst leben heißt vor allem, die objektive und die subjektive Sicht der Dinge nicht zu verwechseln. Sie erkennen Ihre Gefühle zwar als wertvolle Urteile Ihrer Erfahrungen an, sehen sie jedoch nicht als absolute Wahrheit an, sondern sind auch bereit, sie in Frage zu stellen. Welche Werte beeinflussen Ihr Denken und Handeln? Warum entwickeln Sie gerade diese Vorstellungen und nicht andere? Wie haben sich Ihr Geist und Ihre Gefühle entfaltet, wer hat Sie beeinflusst und tut es immer noch?

Bewusst leben heißt, den Verstand aktiv einzusetzen, sich seiner Intelligenz zu erfreuen und sie schöpferisch umzusetzen. Es bedeutet auch, neugierig zu sein auf die Welt und sie in ihrer Gesamtheit verstehen zu wollen.

Dazu ist es notwendig, sich ein möglichst umfangreiches Weltbild zu schaffen und sich dafür objektiver und kritischer Quellen zu bedienen. Triviale Zeitungen z.B. bieten häufig ein verzerrtes Abbild der Wirklichkeit und beschädigen so den Selbstwert. Sie verbreiten immer wieder unverantwortliche „Informationen" zu Fragen des gesellschaftlichen wie persönlichen Lebens, deren Sinnhaftigkeit mehr als zweifelhaft ist.

Dazu ein Beispiel aus einem sehr heiklen Bereich: Boulevard-Zeitungen geben gerne Berichte über angebliche sexuelle Usancen und Energie des Durchschnittsbürgers. Da sie hier einen Bereich ansprechen, in dem es viel Unsicherheit gibt, verkaufen sich solche Artikel sehr gut. Die groben Übertreibungen und unzulässigen Verallgemeinerungen, die man dort meistens findet, können Unsicherheit nicht abbauen. Ganz im Gegenteil untergraben sie viel mehr das Selbstbewusstsein vor allem der männlichen Leser, die mit einem völlig unsinnigen Sexideal konfrontiert werden.

Lassen Sie sich nicht durch falsche Ansprüche vergiften!

Vergleiche anzustellen ist überhaupt der beste Weg, das Gefühl für den eigenen Wert zu stören. Wir können nie glücklich werden, wenn wir uns ständig mit anderen vergleichen. Egal, was wir tun oder besitzen, wir werden auf die eine oder andere Art immer hinter dem einen oder anderen zurückbleiben. Niemand kann es schaffen, gleichzeitig der Beste, Schönste, Erfolgreichste, Klügste, Tapferste etc. zu sein.

Bewusst leben heißt, sich unangenehmen Tatsachen zu stellen und sie nicht zu leugnen, seine Möglichkeiten auszuschöpfen, um seine Absichten und Ziele umsetzen zu können.

Immer wieder begegnen wir Menschen, die vom Schicksal benachteiligt wurden. Zum Beispiel müssen sie mit einer schweren Behinderung leben und sind dennoch ausgeglichener und zufriedener mit ihrem Leben als die meisten, denen das Leben mit all seinen Möglichkeiten offen steht. Hinter dieser bewundernswerten Kraft steckt die Fähigkeit, bewusst zu leben. Sie haben ihre Grenzen und Schwächen akzeptiert, und siehe da, innerhalb dieser scheinbaren Begrenztheit tut sich dennoch ein weites Feld für Selbstentfaltung und Erlebnisreichtum auf.

Uns, die wir zu Unersättlichkeit neigen, sollte das zu denken geben: Ohne klaren Maßstab, ohne Kenntnis unserer Möglichkeiten, unserer Wünsche – ohne Wissen um unser Selbst –, kann es kein inneres Gefühl von Erfolg, Freude, Glück geben. Wir warten dann ersatzweise auf den Applaus von außen und leben in dessen Abhängigkeit.

Nicht zuletzt bedeutet „bewusst leben“ hier und jetzt in diesem Augenblick zu leben, gegenwärtig zu sein, bei dem, was man tut. Das, was Sie tun, ganz zu tun! Wenn Sie mit Ihrer Tochter spielen, dann müssen Sie ihr Wesen fühlen, sich an ihrer Besonderheit erfreuen und darauf eingehen, und nicht mit Ihren Gedanken in der Vergangenheit oder in Ideen über die Zukunft festhängen. Ihre Tochter und Ihr gemeinsames Spiel bedeuten dann für Sie Ihr Hier und Jetzt.

Ja zu sich selbst

Zuallererst bedeutet dies, dass Sie auf Ihrer Seite stehen und Ihren eigenen Wert schätzen. Die grundsätzliche Selbstbejahung ist gar nicht so selbstverständlich, wie dies erscheinen mag. Es gibt leider viele Menschen, die tief in ihrem Inneren ihr ureigenes Existenzrecht leugnen und respektlos mit sich selbst umgehen. Ansätze dazu zeigen viele von uns, wenn sie sich wegen kleiner Fehler selbst beschimpfen und erniedrigen. Wie oft nennen Sie sich einen „Idioten“, weil Sie einen kleinen Fehler gemacht haben?

Zur Selbstannahme gehört die Bereitschaft, ohne Ausflüchte dazu zu stehen, was Sie fühlen, denken, wollen oder getan haben. Das heißt nicht, dass Sie alles dies für richtig und gut erklären müssen – nein, Sie müssen es als Ausdruck Ihrer selbst annehmen. Sollte es mit Ihren Wertvorstellungen nicht übereinstimmen, dann müssen Sie sich damit aussöhnen – es sich selbst verzeihen. Wir machen sehr gerne den Fehler, erkannte Schwächen in quälerischem Selbstmitleid zu kultivieren: „Ich armer, vom

Unglück geschlagener Mensch kann ja nicht anders!“, statt sich zu sagen: „So ist es nun eben, ich mache das Beste daraus!“ Sie müssen sich selbst ein mitfühlender Freund sein und – wie Sie dies auch Freunden gegenüber tun – ein gewisses Maß an Toleranz an den Tag legen und Ihre Fehler neben die vielen positiven Seiten Ihrer Persönlichkeit stellen. Diese grundsätzliche Selbstbejahung ist die Voraussetzung für Veränderung und Wachstum.

Missverstehen Sie dieses Plädoyer für einen liebevollen Umgang mit sich selbst jedoch bitte nicht. Das bedeutet keineswegs, dass Sie sich vor Ihrem sozialen Umfeld aufbauen sollen und verlangen: „Ihr müsst mich nehmen, wie ich bin. Ich komme euch keinen Schritt entgegen.“ Eine positive Selbstbejahung ist ganz im Gegenteil die Grundlage für ein offenes Zugehen auf die anderen. Wenn Sie sich mit eigenen Fehlern aussöhnen können und nach Wegen suchen, wie Sie und Ihre Umwelt damit leben können, dann werden Sie auch mehr Verständnis für Gefühle und Schwächen Ihrer Mitmenschen entwickeln.

Stellen Sie sich der kritischen Erkenntnis: „Ich kann nicht …, dafür kann ich …“ Nörgeln Sie nicht an sich herum darüber, was Sie nicht schaffen, freuen Sie sich daran, was Sie zuwege bringen. Denken Sie nach, sprechen Sie mit den Menschen darüber, von denen Sie geliebt werden. Machen Sie ein Inventar. Ein Verzeichnis ihrer materiellen Güter haben die meisten, jedoch nur den Wenigsten erscheint es wert, sich einen Katalog ihres ganz individuellen Vermögens – im Sinne persönlicher Fähigkeiten – zu machen.

Niemand schafft es, von seiner Umwelt unbeeinflusst zu leben – das ist auch gut so. Schließlich lernen wir voneinander. Als soziale Wesen definieren wir uns selbst an den und durch die anderen. Durch die Art, wie uns andere erleben, erfahren wir mehr über uns selbst. Dem Spiegel durch die anderen müssen wir unser eigenes kritisches Urteil entgegensetzen, um daraus zu unseren Ansichten und Werten zu gelangen.

Eigenverantwortlich leben

Wenn Sie das Gefühl haben wollen, ein Anrecht auf Ihr Maß an Glück zu haben, brauchen Sie auch das Gefühl, Ihr Leben selbst kontrollieren zu können. Dazu müssen Sie allerdings die Verantwortung für Ihr Leben übernehmen und es durch Ihr Denken und Handeln in Ihrem Sinn gestalten wollen. Eigenverantwortung ist eine Grundlage des Selbstwertgefühls. Anders betrachtet, drückt sich das Selbstwertgefühl eines Menschen darin aus, wie weit er bereit ist, die Verantwortung für sein Leben zu übernehmen. Eigenverantwortlich zu leben heißt, nicht darauf zu warten, dass andere das tun, was Sie selbst für sich tun können: aktiv und produktiv zu sein mit Ihrem ganz persönlichen Ziel vor Augen. Es bedeutet auch, selbständig zu denken, und nicht einfach passiv mit dem Nächstbesten konform zu gehen, an den Sie sich mit Ihren Meinungen, Absichten und Werten anhängen können. Es bedeutet auch, Verantwortung für sein Leben zu übernehmen und nicht die Schuld auf andere zu schieben.

In vielen Fällen, in denen wir uns von Mitmenschen getäuscht und hintergangen fühlen, müssen wir unseren Teil der Mitverantwortung akzeptieren lernen: Bei jeder Scheidung trifft auch den unschuldigsten Partner zumindest die Verantwortung, eine „falsche" Wahl getroffen zu haben. Gerade wenn unsere Kinder uns enttäuschen, müssen wir uns an der Nase nehmen und fragen: „Haben wir nicht unrealistische, unerfüllbare oder vielleicht gar unzumutbare Erwartungen in sie gesetzt?"

„Nur keine Verantwortung übernehmen!" ist die Maxime unserer Zeit. „Ich bin nicht schuld!" ist eine geradezu reflexartige Reaktion, bevor wir überhaupt darüber nachgedacht haben – und dann heißt es, diese Behauptung zu verteidigen. Je mehr wir uns weiter verstricken, umso schlechter fühlen wir uns dabei. Zerreißen Sie dieses Geflecht aus Selbsttäuschung und Unwahrheiten. Stehen Sie zu Ihren Verantwortungen. „Sorry, mein Fehler!" ist fast immer eine befreiende Aussage, die das Selbstwertgefühl stärkt, denn Sie stehen damit zu sich selbst.

Sich selbstsicher behaupten

Es erfordert oft Mut, das, was Sie wollen, umzusetzen und dafür zu kämpfen. Oft fällt es leichter, selbst zu verzichten und sich aufzuopfern. Selbstbehauptung setzt die Überzeugung voraus, dass unsere Ideen und Wünsche wichtig sind, doch diese Überzeugung ist vielen von uns durch eine verfehlte Bescheidenheits-Erziehung abhanden gekommen.

Sie müssen wissen – tief in Ihrem Inneren – dass Sie sich selbst gehören und niemand anderem. Sie sind dementsprechend nicht auf der Welt, um die Erwartungen anderer zu erfüllen. Ihr Leben liegt in Ihren Händen und was immer Sie daraus machen, liegt in Ihrer Verantwortung. Daraus ergibt sich allerdings auch die Verpflichtung, etwas für Sie Akzeptables aus Ihrem Leben zu machen. Selbstverwirklichung in unserer Gesellschaft entwickelt sich auf zwei Ebenen, die einander jedoch fördern und ergänzen müssen. Einerseits müssen wir uns als Individuum – als eigenständige Persönlichkeit – entwickeln, andererseits brauchen wir die Ergänzung des „Ich" durch das „Du", durch befriedigende Beziehungen zu zumindest einigen wenigen Menschen, die uns nahe stehen. Wir müssen uns also einerseits zur Eigenständigkeit entwickeln, gleichzeitig müssen wir genauso unsere Fähigkeit zu Intimität und Verbundenheit entfalten.

Intimität bedeutet zwar Nähe zum anderen; gleichzeitig ist aber auch eine klare Abgrenzung zum „Du" erforderlich. Dazu bedarf es immer wieder eines klaren, unmissverständlichen „Nein" gegenüber Tendenzen der Vereinnahmung durch andere. Das Setzen dieser Grenze „Bis hierher und nicht weiter!" wird nie ganz ohne innere und äußere Kämpfe ablaufen und die Linie wird sich dynamisch verhalten, einmal enger, einmal weiter sein.

Wir müssen aber lernen, das notwendige „Nein" auszusprechen, im Bewusstsein unseres guten Rechts und möglichst ohne Ressentiment gegenüber demjenigen, der uns dieses „Nein" abverlangt. Oft fühlen wir uns bereits in den Grundfesten unseres Selbstbewusstseins erschüttert, wenn an uns eine unserer Meinung nach ungerechtfertige Forderung gestellt wird. „So eine Zumutung!" ereifern wir uns, „Das habe ich nicht nötig!" Wenn wir uns ausreichend aufgeregt, vielleicht durch Überreaktion sogar zwischenmenschliches Porzellan zerschlagen haben, kommen wir der „Zumutung" doch nach. Wir fühlen uns schlecht und unser Selbstbewusstsein leidet. Den Verursacher unseres Unbehagens haben wir aber bestätigt: Er bekam, was er wollte, also war es doch keine Zumutung, sondern wir hatten nur schlechte Laune. Auf ein nächstes Mal!

{ Zielorientiert leben }

Wenn wir etwas wollen, müssen wir es uns zum Ziel setzen. Ohne Ziel in den Tag hinein zu leben macht uns zum Spielball von äußeren Anstößen. Der zufällige Telefonanruf, die zufällige Begegnung, das zufällige Ereignis regiert dann unser Leben.

Kein Wunder, wenn wir uns letztendlich nicht anders fühlen als ein Spielball des Lebens – und das ist keine Grundlage für ein gesundes Selbstwertgefühl. Es fehlt der Maßstab dafür, zu beurteilen, was lohnenswert ist und was nicht. Auch Wünsche und Hoffnungen reichen nicht, um ein ersehntes Ergebnis herbeizuführen. Nicht umsonst sagt der Volksmund: „Hoffen und Harren macht manchen zum Narren."

Wenn Sie etwas wirklich wollen, dann dürfen Sie nicht beim Hoffen „verharren" – setzen Sie es sich zum Ziel und überlegen Sie, wie Sie gezielt darauf hinleben und -arbeiten können, um es zu erreichen.

Ziele müssen in Ihrem Kopf konkrete Formen annehmen. Noch besser allerdings ist es, die Ziele für sich selbst schriftlich niederzulegen. Das zwingt zu mehr Deutlichkeit und präziserer Definition. So werden Sie leichter erkennen, ob Ihre Träume wirklich in machbare, sinnvolle und konkretisierbare Ziele umsetzbar sind.

Sie meinen, das brauchen Sie nicht? Nicht für das Privatleben – und im Beruf wissen Sie ohnehin, was Sie wollen? Das erklärt, warum so viele Menschen im Beruf viel erfolgreicher sind als in ihren persönlichen Beziehungen, in ihrer Ehe. Sie wissen, dass es nicht genügt, zu sagen: „Ich liebe meinen Beruf!", sondern dass Sie darüber hinaus Ihre Aufgaben erfüllen müssen. In privaten Beziehungen hingegen halten die meisten an der Einbildung fest, dass Liebe genügt und sich das Glück dann von selbst einstellt. Wenn das Glück sich so nicht zwingen lässt, dann war es nicht der richtige Partner. Beim nächsten wird dennoch nicht alles anders – und so sind viele ständig auf der Suche …

In einer glücklichen Beziehung zu leben ist ein Ziel, das nach einem Maßnahmenplan verlangt:

- Was müssen wir gemeinsam tun, um Vertrauen und Intimität zu schaffen und zu bewahren?
- Wie erhalten wir uns die erotische Anziehungskraft?
- Wie gehen wir mit auftretenden Konflikten um?
- Was bedeutet für uns „Glück"?

Ohne Strategien für die Überwindung der Stolpersteine auf dem Weg zum Ziele bleibt enttäuschte Sehnsucht.

Es gilt, gemeinsam um positive Ziele zu ringen. Menschen, die in einer Beziehung gescheitert sind, manövrieren sich oft selbst in eine Sackgasse:

Sie formulieren ihre Ziele negativ, d.h. sie wissen genau, was der Partner nicht sein darf, nicht jedoch, welche Eigenschaften er mitbringen müsste, damit die nächste Partnerschaft Bestand hat. Noch viel wichtiger ist es, sich selbst darüber klar zu werden, was man selbst in einer Partnerschaft sucht. „Nicht allein sein wollen" ist nicht nur aufgrund der negativen Formulierung eine ungeeignete Basis.

Zielgerichtet leben heißt also, bewusst und vorsätzlich handeln – wissend und mit einem klaren Blick für die Konsequenzen. Zielgerichtet leben heißt demnach selbstkontrolliert leben.

Im Einklang mit den persönlichen Werten leben

Um uns selbst wert zu sein, müssen wir uns auf uns selbst verlassen können: Wir müssen so handeln, wie wir es von uns wünschen, wie es unseren Idealen entspricht. Sonst gerät unsere Selbstachtung ins Wanken.

Was allerdings sind die Werte, die Ihren Überzeugungen und Urteilen zugrunde liegen? Wie sind sie entstanden? Haben Sie diese selbständig entwickelt oder von Ihren Eltern oder Lehrern übernommen? Halten Sie sich an Werten der Glaubensgemeinschaft an, der Sie sich zugehörig fühlen?

Wann haben Sie zuletzt bewusst Ihre Werte überdacht, wann zuletzt diese für sich – oder besser noch gegenüber einem skeptischen Gesprächspartner – formuliert und verteidigt? Auch wenn, oder gerade dann, wenn Sie Ihre Werte von Ihrer religiösen Überzeugung her ableiten, sollten Sie diese hin und wieder in Frage stellen und Zweifel daran zulassen.

Richtlinien von Religionen vergiften viel zu oft das Leben wertvoller, gläubiger Menschen, wenn diese Richtlinien von ihnen nicht als Werte verinnerlicht werden können. Der entstehende Gewissenskonflikt führt zu Schuldgefühlen und damit zu einem niedrigen Selbstwertgefühl. Ihre persönlichen Werte sollten sich aus Ihrem Inneren, aus Ihren tiefsten Überzeugungen heraus entwickeln, dann können Sie auch danach leben.

Werte sind die Leitmotive unseres Lebens. Dennoch haben wir oft nicht mehr als eine dumpfe, unbestimmte Ahnung davon.

Bei Ihren Überlegungen werden Sie vielleicht erkennen müssen, dass Sie bisher Werten gefolgt sind, die Ihnen „fremd" waren, weil Sie sich diese von außen haben aufdrücken lassen. Das kann auch der Grund dafür gewesen sein, dass es Ihnen möglicherweise schwer gefallen ist, diesen Werten entsprechend zu leben. Die Resonanz in Ihrem Inneren hat einfach gefehlt.

Hier ein Beispiel, um solche „fremd bleibenden Werte" zu verdeutlichen: Nehmen wir an, Sie seien zu absoluter Loyalität innerhalb der Familie erzogen worden, der alle anderen Werte untergeordnet wurden. Was immer ein Familienmitglied auch angestellt hatte, die Familie stellte sich zum Schutz davor und log und täuschte die Umwelt zum Wohle des Einzelnen. Wenn Sie „schwach" wurden und die Wahrheit sagten, fühlten Sie sich als elender Verräter. Wenn Sie nicht „schwach" wurden und das Familienmitglied deckten, fühlten Sie sich innerlich als schmutziger Lügner.

Kirche und Glaubensgemeinschaften bringen ihre Anhänger durch unsinnige und an der Natur des Menschen vorbeigehende „Werte" auch heute noch oft in schwere Gewissenskonflikte. Kann der Dienst an Gott und die Befolgung lebensverneinender Regeln und Gebote höher bewertet werden als die Liebe zu den lebendigen Kreaturen hier auf Erden? Wie ist anteilnehmende Liebe mit mitleidlosem Richten und Verurteilen zu vereinbaren?

Stellen Sie sich also bewusst der Frage, an welche Ideale und Werte Sie als eigenständiger und selbstverantwortlicher Mensch glauben können, und machen Sie diese dann ganz bewusst zum Leitbild Ihres Lebens. Vor *Ihrem* Gewissen müssen Sie bestehen können, um zu einem fröhlichen Selbstbewusstsein zu finden.

Gehören Sie auch zu den Menschen, die einen eher rauen Umgangston mit sich selbst pflegen? Ein Glas fällt zu Boden. „Du bist schon ein ungeschickter Trottel!" Ist das Ihr üblicher Kommentar gegenüber sich selbst? „Was kann man von einer alten Schachtel wie mir anderes erwarten?" Das ist die Art Ihres Umgangs mit sich selbst? Wo bleibt der Respekt und die Toleranz, die Sie gegenüber anderen an den Tag legen? Wenn Sie selbst so wenig Respekt vor sich haben, warum sollten andere anders über Sie denken?

„Ist ja nur im Spaß!" höre ich Sie sagen. Auch „im Spaß" sollten Sie nicht so mit sich umgehen, denn es bleibt doch ein negatives Gefühl dabei hängen.

Wenn Sie Ihre Werte leben, sollten Sie sich selbst als Objekt davon nicht ausnehmen. Auch hier gilt das Gesetz der Wechselseitigkeit von Ursache und Wirkung. Verhaltensweisen, die ein gutes Selbstwertgefühl erzeugen, sind gleichzeitig Ausdruck eines guten Selbstwertgefühls.

Wenn Sie sich selbst Achtung entgegenbringen und einen liebevollen Umgang mit sich pflegen, dann werden Sie ganz selbstverständlich mit sich im Einklang stehen.

Die Umsetzung des Gedankens

Selbstbehauptung beginnt bei Äußerlichkeiten: Wir begegnen täglich Menschen, die sich bewegen, als hätten sie kein Recht, Platz auf dieser Erde zu beanspruchen. Sie machen sich klein und schmal, ziehen den Kopf zwischen die Schultern, als hofften Sie von niemand gesehen zu werden. Andere nuscheln oder sprechen leise und undeutlich, als wollten sie verhindern, dass man sie hört. Dieser extreme Ausdruck mangelnden Selbstbewusstseins wirkt fatal zurück.

Probieren Sie es aus: Kopieren Sie diese Körpersprache – geben Sie sich unsicher, versuchen Sie unsichtbar zu sein, sprechen Sie leise und undeutlich. Nach kürzester Zeit werden Sie sich schrecklich fühlen, als bewegten Sie sich auf schwankendem Boden. Ihre Körpersprache wirkt auf Sie zurück.

Das funktioniert auch in umgekehrter Richtung und dort liegt der erste Schritt, um Selbstbehauptung erfolgreich zu leben. Wenn Sie sich selbstsicher bewegen und sprechen, werden Sie sich selbstsicher fühlen.

Wie drückt sich nun Selbstsicherheit in der – auf die eigenen Psyche zurückwirkenden – Sprache des Körpers aus?

Grundsatz I: Sie haben das Recht, Raum einzunehmen. Aufrechte Kopf- und Körperhaltung entlastet die Wirbelsäule und gibt Ihnen ein freies Gefühl. Geben Sie Ihren Armen ausreichende Bewegungsfreiheit – machen Sie sich breit, wenn Ihnen danach ist. Ihrem Körper ist danach – die Arme drücken sich nicht gerne an und Ihre Hände sind ein natürliches Ventil für Ihre Gemütsbewegungen.

Grundsatz 2: Sie haben das Recht, Zeit zu beanspruchen. Wer unsicher ist, beginnt sich selbst zu hetzen, spricht schnell und verhaspelt sich leicht dabei. Gerade wenn alle Augen auf Sie gerichtet sind, bewegen Sie sich ruhig und gelassen, gönnen Sie sich große, runde Bewegungen.

Nehmen Sie sich die Zeit, langsam zu sprechen und mit deutlicher Aussprache. Gestatten Sie sich, in Ruhe nachzudenken, und lassen Sie die anderen ruhig gespannt darauf warten, was Sie zu sagen haben.

19 Interessant oder interessiert?

DENN NUR VOM NUTZEN WIRD DIE WELT REGIERT.
MARCUS TULLIUS CICERO (106 – 43 V. CHR.),
RÖMISCHER REDNER UND STAATSMANN

Sind Sie Angler?

Nein?

Sie haben doch sicher als Kind hin und wieder ein Stückchen Schnur mit einem Köder ins Wasser geworfen, um für das Indianer-Lagerfeuer einen Fisch zu fangen. Erinnern Sie sich, wie Sie unter Blumentöpfen nach Regenwürmern gegraben haben? Regenwürmer sind die Leibspeise der Fische – davon waren Sie jedenfalls überzeugt. Wenn Fische anbeißen sollen, dann muss ein Regenwurm an der Angel hängen.

Ist es das kollektive Unbewusste* unserer Vergangenheit als Jäger, dass wir hier ganz selbstverständlich wissen: „Der Köder muss dem Fisch schmecken"? Bei der Jagd nach dem Verkaufserfolg vergessen wir das allzu häufig!

Wir versuchen, die Angebetete zu erobern, indem wir unsere Vorzüge preisen, anstatt davon zu sprechen, was sie am liebsten hören will: Huldigungen ihrer Bedeutung, ihres Wertes, ihres Liebreizes, ihrer Unwiderstehlichkeit.

Unserer Tochter bieten wir unsere Vorstellungen und Erfahrungen an und vergessen dabei, dass sie in der Welt ihrer Altersgenossen bestehen muss, dazugehören will und unsere „altmodischen" Ansichten ihr dabei nicht weiterhelfen.

Dem Individualisten kommen wir ahnungslos mit Verkaufsargumenten wie: „Das ist derzeit die bestverkaufte Kamera! Ich habe in dieser Saison schon viele davon verkauft."

Wir sind häufig zu sehr auf die Vorzüge unseres Angebotes fixiert. Dadurch vergessen wir den notwendigen Gedankensprung, nämlich dass immer noch der Adressat unseres Angebotes *das* Verkaufsargument bestimmt: Seine Bedürfnisse gilt es zu befriedigen, für ihn muss es einen Nutzen darstellen, in sein Wertegefüge muss es hineinpassen.

So wie wir wissen müssen, welche Fischart eine Fliege einem fetten Regenwurm vorzieht, so müssen wir wissen, welche Vorzüge unseres Angebotes dem möglichen Abnehmer „schmecken", um ihn darauf gezielt hinweisen zu können.

Sie sehen – es führt kein Weg daran vorbei, sich mit dem Menschen in seiner Einmaligkeit auseinander zu setzen.

Das gilt genauso im privaten Umfeld. Sparen Sie sich das Geld für die 08/15-Mitbringsel, die Sie routinemäßig bei jedem Besuch bei Ihrer Schwiegermutter abgeben. Nehmen Sie sich dafür einmal die Zeit, genau jenes altmodische Parfum aufzutreiben, mit dem sie kostbare Jugenderinnerungen verbindet. Sie wird sich an diesen Ausdruck Ihrer Wertschätzung jahrelang erinnern.

Ihr Kunde will nicht zahlreiche Vorzüge von Ihnen heruntergebetet hören, die er entweder als selbstverständlich empfindet oder überhaupt nicht benötigt. Ausschlaggebend für seine Entscheidung ist der *eine* Nutzen, den *er* wirklich sucht, oder diese eine kleine Zusatzleistung, durch die Sie sich für eben diesen individuellen Kunden von den anderen Mitbewerbern abheben.

Was ist Frauen wichtig bei ihrem Auto? Umfragen haben ergeben: Frauen legen Wert auf Sicherheit und Bequemlichkeit – und dann schauen sie auf die Farbe. Was machen die meisten Autoverkäufer? Sie leiern 45 Vorzüge herunter. Der Turbolader ist ebenso dabei wie ESB ..., und natürlich nur in Abkürzungen, weil „man(n)" die doch ganz selbstverständlich kennt. Kein Wort über die Farbe! Über die spricht man ja erst, wenn die Entscheidung schon gefallen ist und die Bestellung geschrieben wird.

Frauen wollen die Wahl haben – von Ihren Kundinnen werden Sie immer wieder hören: „Was haben Sie noch?" Für die meisten Männer ist es lediglich wichtig, dass das Angebot passt. Wenn das erste Angebot ihren Ansprüchen voll genügt, dann verzichten sie gerne auf die Qual einer weiteren Auswahl.

Ich treffe immer wieder auf Verkäuferinnen, die den notwendigen Wechsel in diese männliche Denkweise nicht vollziehen und mich mit immer weiteren Wahlmöglichkeiten zudecken. Inmitten einer Überfülle von qualitativ ausgezeichneten Hosen, die mir alle gefallen haben, stöhnte ich vor kurzem: „Sie überfordern mich!“ Ich brauchte nur einfach eine passende Hose, wollte aber gar nicht so viel Aufmerksamkeit und Konzentration darauf verwenden, aus dem zugegebenermaßen hervorragenden Angebot auszuwählen, das die bemühte Verkäuferin vor mir aufbaute. Weil ich die große Auswahl nicht zu würdigen wusste, die sie mir bot, stieß ich bei ihr jedoch nur auf verständnisloses Kopfschütteln.

Schlüpfen Sie in die Gedankenwelt Ihres Kunden – oder wie es der Volksmund ausdrückt: Setzen Sie sich auf den Stuhl Ihres Kunden und sehen Sie Ihr Angebot mit seinen Augen.

Fachkompetenz behindert häufig den Verkaufserfolg! Ein Verkäufer, der viel von seinem Produkt versteht, erliegt leicht seiner eigenen Begeisterung und versucht, seinem Kunden möglichst viel von seinem Fachwissen zu vermitteln. Damit schnappt die Falle zu: Der Verkäufer macht maximal sich selbst als Fachmann interessant – der Kunde wird für das Produkt jedoch nicht interessiert.

Fachwissen ist wertvoll und wichtig – jedoch muss es unter der Oberfläche schlummern und darf nicht schwelgerisch ausgebreitet werden. Es dient lediglich als Nachschlagewerk für die ausschlaggebende Frage: Kann das Produkt, was der Käufer braucht und haben will?

Vielen Käufern reicht bereits die Versicherung: „Ja, es kann!“ und sie wollen gar nicht wissen, wie und warum. Es reicht das Vertrauen in den Verkäufer – die Überzeugung, dass er weiß, was der Käufer will, dass er ehrlich berät und die Kompetenz hat, zu wissen, ob das Produkt diesen Anforderungen entspricht.

Die Umsetzung des Gedankens

Ein Grund, warum es so verführerisch ist, von den Vorteilen und Merkmalen des Angebotes zu sprechen, ist der, dass man sich darauf prima vorbereiten kann. Egal, wie das Gespräch verläuft, Sie haben immer zehn Argumente bei der Hand. Das gibt Sicherheit.

Sie können sich doch vorbereitend auf den Stuhl eines möglichen Käufers setzen: Welchen Nutzen kann Ihr Angebot für ihn haben?

Spielen Sie das für unterschiedliche Bereiche Ihres Angebotes einmal durch: Damit schaffen Sie sich genauso Sicherheit – nur dass die Argumente nun aus der Sicht des Käufers und nicht des Verkäufers formuliert sind.

Doch Vorsicht: Damit haben Sie nur mögliche Nutzenerwartungen – das enthebt Sie jedoch nicht der Aufgabe, im konkreten Kundengespräch abzuklären, welche ganz individuelle Erwartung der Kunde hat, der nun vor Ihnen steht.

Ihre Freunde, Ihre Partner können Sie nicht nur, sondern sollten Sie auch fragen: „Wie siehst du unser Leben, was fühlst du, wie geht es dir dabei?" etc., damit Sie in Zukunft darauf eingehen können. Meistens fehlt uns dazu der Mut, weil wir Angst vor Wahrheiten haben, vor denen wir gerne die Augen verschließen. Fassen Sie Mut und stellen Sie sich Ihrem Bild in den Augen Ihres Partners, Ihrer Kinder.

Machen Sie daraus ein lehrreiches und wahrscheinlich höchst vergnügliches Gesellschaftsspiel: „Blick auf die Welt mit meinen Augen und sag mir, was du siehst!" Als Themen eignen sich ganz banale alltägliche Begebenheiten: „Was du gestern gedacht hast, als ich dich fürs Spätkommen rügte", „Was Mutter über den letzten Familienurlaub denkt", „Was Papa fühlt, wenn er Hip-Hop hört". Grundregel ist: Keiner spricht über seine eigenen Gedanken, jeder versucht sich in einen anderen hineinzuversetzen und dessen Einstellungen und Gedanken darzustellen.

20 Der Geiz mit der Zeit

Es jagt der Mensch nach Zeitgewinn
und muss sich redlich plagen.
Doch hat er Zeit, strengt er sich an,
sie wieder totzuschlagen.
Wolfgang Salpeter, deutscher Publizist

Unbezahlbare Zeit, wir alle haben keine Zeit!

Das stimmt und stimmt wieder nicht.

Wir arbeiten kürzer als jemals zuvor. Haushaltsmaschinen erleichtern und verkürzen die tägliche Routine. Selbst die Zeit für die Zubereitung von Mahlzeiten wird durch ein großes Angebot an Halbfertigprodukten bereits auf ein geringes Maß reduziert.

Wir haben täglich viel Zeit für uns.

Es bieten sich jedoch viele Möglichkeiten an, wofür wir diese ersparte Zeit verwenden können: Wir sollten täglich Sport betreiben, um unsere Gesundheit zu erhalten, zumindest jedoch spazieren gehen. Wir sollten uns mit Freunden treffen. Wir sollten uns den neuesten Film ansehen. Wir sollten das Buch lesen, das noch unausgepackt am Nachttisch liegt. Der Schrank sollte aufgeräumt werden, damit das Ergebnis unseres letzten Einkaufsbummels dort noch Platz findet.

Es steht nur eine begrenzte Zeit zur Disposition, allerdings tausend Möglichkeiten, diese Zeit lustvoll zu verwenden. Wir setzen unsere Zeit dementsprechend dort ein, wo sie uns den größten Nutzen verspricht. Zeit ist ein sehr wertvolles Gut geworden und es gibt immer mehr Menschen, die damit viel geiziger umgehen als mit Geld. Geld lässt sich vermehren, Zeit nicht. Ein Verlust von 100 Euro lässt sich wieder gutmachen. Wenn Sie einen 100-Euro-Schein wieder zurückerhalten, werden Sie die Angelegenheit leicht vergessen. Oder Sie haben Glück bei einem Spiel und gewinnen 100 Euro.

Zeit können Sie nicht zurückerhalten oder zurückgewinnen.

Die zahllosen Möglichkeiten, die jedem offen stehen, erwecken den Eindruck, dass sie auch genutzt werden müssten, um ja nichts im Leben zu versäumen. Damit verzetteln sich viele Menschen und geraten in ständigen Zeitstress. Sie hetzen von einer Verabredung zur anderen, von einer Freizeitaktivität zur nächsten.

So ist es aus der subjektiven Sicht Ihrer Kundin durchaus logisch und normal, dass sie einerseits zwei Stunden Zeit hat, jedes neue Kleid in Ihrer Boutique anzuprobieren, jedoch bereits ungeduldig wird, weil sie zehn Minuten auf die Änderungsschneiderin warten muss. Anprobieren war ein lustvolles Tun, dafür lohnte es sich, die Zeit zu investieren. Der Leerlauf des Wartens hingegen schafft ihr stressreiche Langeweile, im Bedauern darüber, was sie mit ihrer kostbaren Zeit inzwischen alles hätte anfangen können.

Wir wollen alles jetzt haben und nicht irgendwann einmal später. Dafür sind wir bereit, finanzielle Opfer zu bringen. Der Zeitfaktor spielt auch in anderer Hinsicht eine wesentliche Rolle und ist ein wichtiger Zusatznutzen eines Produkts. Man denke daran, was manche Leute bereit sind zu bezahlen, damit sie die ersten Fahrzeuge einer Typenreihe bekommen.

Auch wenn der Kunde weiß, dass er ein Produkt bei der Konkurrenz ein bisschen billiger haben kann, zieht er meistens doch die Verfügbarkeit hier und jetzt vor und akzeptiert den Preisunterschied. Serviceleistungen, die für den Kunden Zeit sparen, können ein Angebot wesentlich attraktiver machen. „Sie sparen damit Zeit!" ist ein zugkräftiges Verkaufsargument geworden.

Das „billigste" Produkt zu finden, ist meistens Sport. Um den gewünschten Autoreifen um einige Euro günstiger zu bekommen, fährt ein Kunde auch mal von Anbieter zu Anbieter. Erschöpft und glücklich, sich ein paar Euro gespart zu haben, holt er sich beim dadurch notwendigen Tank-Stopp auch gleich einige Flaschen Bier, um den Erfolg richtig zu feiern.

Unlogisch?

Nein!

Es hängt vom Standpunkt des Betrachters ab. Für diesen Kunden mag die Jagd um den besten Preis den zeitlichen Einsatz lohnen – dafür zahlt er dann gerne mehr für sein Bier, weil er es schnell „auf dem Weg" mitnehmen kann.

Für jeden von uns bedeutet das, mit der Zeit seiner Kunden, Freunde, ja auch Kinder viel sorgfältiger umzugehen.

Sie drücken einem Menschen höchste Wertschätzung aus, wenn Sie Respekt vor seiner Zeit beweisen. Im umgekehrten Fall bedeutet es beleidigende Missachtung. Keine Zeit zu haben ist ein Statussymbol des erfolgreichen Menschen geworden, ein Wertmaßstab für hohen gesellschaftlichen Rang.

Wenn Sie großzügig mit der Zeit eines anderen umgehen, ihn mutwillig warten lassen und seine Zeit vertrödeln, dann vermitteln Sie das vernichtende Urteil: „Dieser Mensch ist ein primitiver Versager, weil er hat ja alle Zeit der Welt."

Wir sind also gefordert, Zeit als *den* wesentlichen Engpassfaktor zu betrachten und unser Denken und Handeln darauf einzustellen. Um der emotionellen Bedeutung gerecht zu werden, sollten wir auch deutlich zum Ausdruck bringen und dem Kunden, dem Freund, dem Partner vermitteln, dass wir begriffen haben, wie wertvoll seine Zeit ist und dass wir dementsprechend bemüht sind, flink und sorgfältig zu handeln und auf ihn zu reagieren.

Es reicht nicht, die Zeit zu respektieren und schonend damit umzugehen. Sprechen Sie es aus und machen Sie dem anderen bewusst, wie wichtig Sie ihn nehmen. Bieten Sie Ihren Kunden an, die Wartezeit sinnvoll zu nutzen. Greifen Sie dazu nicht einfach nach dem nächstbesten Prospekt, lassen Sie sich ein wenig mehr einfallen: einen interessanten Artikel aus einer Fachzeitschrift oder eine wirklich neue Kundeninformation, eine nette Witzzeichnung, die zu Ihrem Umfeld passt.

Wird die Wartezeit angesprochen und beachtet, verliert sie an Bedeutung.

Ein Großteil unseres negativen Wartezeitempfindens entsteht aus dem Gefühl der „Nichtbeachtung", des plötzlichen „Alleingelassenwerdens" und der Hilflosigkeit des Betroffenen, dieses „Zeitloch" nun wirklich sinnvoll zu nützen.

Die Umsetzung des Gedankens

Wo gehen Sie mit der Zeit Ihrer Mitmenschen nachlässig um?

Gehören Sie zu den Pünktlichen oder finden Sie stets eine Entschuldigung für sich, andere warten zu lassen?

Schieben Sie Entscheidungen gerne auf und stellen damit die Geduld Ihrer Freunde und Familie auf eine harte Probe?

Neigen Sie zu unkonzentriertem „Multitasking“ – d.h. Sie machen gerne viele Dinge gleichzeitig und müssen dazu Ihre Konzentration stets von einer Aufgabe zur anderen verlagern?

Machen Sie sich einmal bewusst, was das für Ihre Umgebung bedeutet: warten, warten, warten! Emotionell übersetzt bedeutet das: Missachtung, Missachtung, Missachtung!

So können Sie schrittweise respektvoller mit der Zeit Ihrer Umwelt umgehen:

- *Zusagen pünktlich einhalten.*
- *Verspätungen, Verzögerungen sofort mitteilen, wenn es klar ist, dass sie unvermeidlich sind (im Zeitalter der Kommunikation ist das mit Telefon, E-Mail oder SMS schnell und einfach möglich).*
- *Klare, rasche Entscheidungen treffen bzw. Termine festlegen, wann eine Entscheidung von Ihnen zu erwarten ist.*
- *In der Zusammenarbeit, im gemeinsamen Tun sich auf den anderen, das Team konzentrieren.*
- *Nicht unnötig warten lassen (Sie brauchen solche lächerliche Machtdemonstrationen nicht – Sie arbeiten lieber an einem gesunden Selbstbewusstsein!).*

21 Entlang den Phasen des Gesprächs

DIE GRÖSSTE MACHT HAT DAS RICHTIGE WORT
ZUR RICHTIGEN ZEIT.
MARK TWAIN (1835 – 1910),
US-AMERIKANISCHER ERZÄHLER UND SATIRIKER

„Ich hatte so viele gute Gespräche!" Kopfschüttelnd saß Martin über dem mageren Umsatzergebnis einer Woche intensiver Kundenbesuche.

Sicher war das gar nicht so unrichtig. Er hatte Gespräche geführt, die in einer harmonischen Atmosphäre mit dem Kunden verlaufen waren, in denen er beim Kunden einen guten Eindruck hinterlassen hatte. Er hatte jedoch das eigentliche Ziel seiner Bemühungen nicht erreicht: den Nutzen seines Angebotes dem Kunden klar zu machen und ihn zur Erteilung eines Auftrages zu bewegen.

Jedes erfolgreiche Verhandlungs- oder Verkaufsgespräch durchläuft mehrere Phasen – jede hat ihren besonderen Stellenwert und ihre Aufgabe, damit letztendlich das Gesprächsziel erreicht werden kann.

❶ Vorbereitungsphase

Eine sorgfältige Vorbereitung ist für jedes ergebnisorientierte Gespräch unerlässlich. Dazu gehört zuallererst die Kenntnis bzw. das Bewusstsein darüber, was Sie anzubieten haben: Im klassischen Handel ist das Ihr Warensortiment, als Dienstleister eine klare Vorstellung darüber, welche Leistungen Sie erbringen können und wollen. Im erweiterten Sinne ist das die Einigung mit sich selbst, welche Ideen, Wünsche und auch Zugeständnisse Sie Ihrem Gesprächspartner anbieten können – und wiederum auch wollen –, um Ihr Ziel zu erreichen.

Ohne detaillierte Kenntnis Ihres Warenangebotes können Sie nicht seriös beraten. Das klingt so banal, dass man es kaum wagt, es niederzuschreiben. Dennoch ist es eines der häufigsten Versäumnisse. Nehmen wir ein kleines Beispiel: Sie gehen in einen Copy Shop, der Fotos von digitalen Aufnahmen anbietet. Es gibt ein Flugblatt mit einer detaillierten Mengenstaffel. Auf die Frage: „Kann ich Ihnen die Fotos auch per E-Mail übermitteln – an welche Adresse?" muss der Verkäufer jedoch passen. Die Frage: „Wie kann ich Ihnen den Auftrag erteilen?" gehört ganz einfach zum Leistungsangebot dazu und eine kompetente Antwort zur ganz selbstverständlichen Vorbereitung.

Weitere Fragen der Vorbereitung betreffen die Art der Präsentation Ihres Angebotes, die Atmosphäre, die den Hintergrund für Ihr Gespräch bildet, und schließlich auch Sie selbst: Wie präsentieren Sie sich Ihrem Gesprächspartner? Darüber diskutieren wir in den nächsten Kapiteln.

Wenn Sie diese Phase des Gesprächs ganz oder teilweise überspringen, wird Ihnen das später schmerzlich zu Bewusstsein kommen. Nämlich dann, wenn Sie in späteren Phasen auf etwas zurückgreifen wollen – seien es Unterlagen wie Preislisten, Produktbeschreibungen etc., von denen der Kunde ganz selbstverständlich annimmt, dass ein kompetenter Verkäufer sie zur Hand hat; seien es Zollstock, Millimeterpapier und Bleistift, um gleich konkret die Küchenecke skizzieren zu können; sei es das Wissen, dass die Schaufensterpuppe das Kostüm in Größe 38 anhat, welches Sie nun für eine Kundin mit dieser Kleidergröße benötigen.

Sei es aber auch, dass Sie die Reiseprospekte bei der Hand haben, wenn es Ihnen endlich gelungen ist, Ihre Frau für den Tauchurlaub auf den Malediven zu interessieren. Sonst wird sie möglicherweise die Entscheidung verschieben: „Reden wir später darüber, wenn du die Prospekte gefunden hast.“ Und eine Entscheidung ist wiederum auf unbestimmte Zeit vertagt.

Es nützt Ihnen nicht viel, wenn Sie Ihren flüggen Sprössling endlich dazu bewegt haben, Ihnen beim Streichen des Gartenzauns zu helfen, und dann auf seine listige Frage: „Gut, wann starten wir mit der Arbeit?“ zugeben müssen, dass Sie Ihren Terminkalender nicht bei der Hand haben und daher keinen konkreten Zeitpunkt vereinbaren können. Ihr Teenager wird erleichtert anbieten: „Ruf mich halt an!“ und seiner Wege gehen, wohl wissend, wie schwer erreichbar er für seinen alten Herren ist.

Wenn Martin mit den vielen guten Kundengesprächen, die viel zu wenig Verkaufserfolg gebracht haben, darüber nachdenkt, wie er sich besser vorbereiten sollte, dann könnte das vielleicht so lauten:

Wähle ich den richtigen Zeitpunkt für den Kundenbesuch? Wann hat der Kunde das letzte Mal gekauft? Kann er überhaupt Bedarf haben? Was kauft der Kunde üblicherweise – wo haben wir hier etwas Neues oder einen Zusatznutzen zu verkaufen? Was weiß ich Individuelles über meinen Kunden, welches sind die Besonderheiten dieses Kunden?

Wenn Martin all das bedenkt, würde er vielleicht eine Reihe von Kunden gar nicht besuchen, weil seine Unterlagen besagen, dass ihr Bedarf vollständig gedeckt ist. Sinnvoller wäre es, seine Zeit gezielt für Kunden einzusetzen, denen er zeitgerecht interessante Angebote machen kann – und so mancher Kunde würde es wohlwollend zur Kenntnis nehmen, dass Martin sich Gedanken über seine besonderen Bedürfnisse macht.

Alles klar!

Sie sind jedoch Arzt und wollen Ihren Patienten veranlassen, Ihrer Therapieempfehlung zu folgen? Dann erst recht sollten Sie das Gespräch entlang der dargestellten Phasen verlaufen lassen:

Ihre Vorbereitung: Die Befunde Ihres Patienten liegen vor Ihnen. Sie haben sich in seine Krankengeschichte eingelesen. Nun schaffen Sie einen vertraulichen Rahmen für das Gespräch und sorgen für ungestörte Konzentration, um ihm die Ernsthaftigkeit der Angelegenheit klar zu machen.

❷ Kontaktphase

Nun geht es um einen besonders wichtigen Punkt: den richtigen Einstieg in das Gespräch. Er entscheidet zumeist bereits über Erfolg oder Misserfolg. Hier muss der Grundstein für alles Weitere gelegt werden:

- Der Gesprächspartner muss das Willkommen spüren,
- er muss sich in der Umgebung zurechtfinden und wohl fühlen, damit er bereit ist, sich auf ein Beratungs- beziehungsweise Verhandlungsgespräch einzulassen,
- die Kontaktphase dient der Abstimmung einer gemeinsamen Wellenlänge, damit Kommunikation möglich wird,
- es muss ein Mindestmaß an Vertrauen entstehen, damit der Gesprächspartner das Angebot ernsthaft in Erwägung zieht.

Gelingt es nicht, einen guten Kontakt herzustellen, wird sich die daraus resultierende Unsicherheit durch den Rest des Gesprächs ziehen und viel höhere Anforderungen an Sie stellen, weil Sie immer wieder mit Ablehnung und Irritationen konfrontiert werden.

Bei Menschen, die man gut kennt, geht man häufig großzügig über diese wichtige Phase hinweg, um gleich „in medias res" zu gehen. Kein Wunder, wenn Sie dann nicht wahrnehmen, dass Ihr Sohn Ihnen überhaupt nicht zuhört, weil er mit den Gedanken noch bei seinem Ärger über die erlittene Ungerechtigkeit in der Schule ist, oder dass Ihr Lieblingskunde heute in einer kritischen Stimmung ist, über die Sie ihn erst hinwegbringen müssen, um einen Verkaufserfolg landen zu können.

Der Arzt, der seine Therapie auch befolgt sehen will, wird sein Gespräch mit einigen persönlichen Worten und Fragen nach dem aktuellen Befinden seines Patienten einleiten, um ihm die Angst zu nehmen und seiner vollen Aufmerksamkeit sicher zu sein.

Doch was kann Martin mit seinen vielen guten Kundengesprächen in dieser Phase misslungen sein?

Es ist ihm wahrscheinlich leicht gefallen, Sympathie bei seinen Gesprächspartnern zu wecken. Vielleicht hat er dabei den Smalltalk sogar ein wenig übertrieben und es ist ihm dann kaum gelungen, von privater Plauderei zu einem sachlichen Verkaufsgespräch zu wechseln. Um nicht in diese Falle zu tappen, wird er sich in Zukunft etwas einfallen lassen müssen: sei es, dass er Produktmuster vorlegt oder interessante Storys über Produktneuheiten fesselnd und anschaulich schildert oder auch die Meinung seines Kunden über die bisher gekauften Produkte einholt, um die Aufmerksamkeit seines Kunden auf das Angebot zu lenken.

❸ Argumentationsphase

In dieser Phase dürfen Sie nun zum Kern, zum Inhalt des Gesprächs kommen. Der Einstieg in diese Phase ist eine Frage, Frage und nochmals eine Frage: die Frage nach den Wünschen und Bedürfnissen des anderen. Je gezielter Sie Ihre Fragen stellen und damit abklären, was für Ihren Gesprächspartner wichtig ist, um so weniger Argumente werden Sie vorbringen müssen, umso gezielter werden Sie Ihr Angebot präsentieren können.

Argumente sind, wie wir in späteren Kapiteln noch ausführlich besprechen werden, nur dann überhaupt sinnvoll, wenn sie die Interessen und Bedürfnisse des Kunden treffen. Fehler in dieser Phase geschehen, wenn zu wenig gefragt wird. Mangelt es an Argumenten, die an seinen Interessen orientiert sind, dann fühlt sich der Gesprächspartner geradezu herausgefordert, Kontra zu geben.

Sie als Arzt kommen zu diesem Zeitpunkt zum Kernpunkt Ihres Gesprächs. Nur durch Fragen kommen Sie zur richtigen Therapieempfehlung und führen Ihren Patienten zum Verständnis darüber, mit welchen Problemen er sich konfrontiert sehen wird und welche besonderen Aufgaben ihm zufallen.

Martin darf in dieser Phase nicht der Versuchung verfallen, zu meinen, er kenne die Bedürfnisse seiner Kunden ohnehin genau, weil es sich ja hauptsächlich um Stammkunden handelt. Es gilt zu zweifeln und zu fragen, fragen, fragen. So wird er über die Entwicklungen bei seinen Kunden unterrichtet werden und das Angebot und seine Argumentation darauf abstimmen können.

Wie viele Fragen erübrigen sich unserer Meinung nach in Gesprächen mit Freunden und dem Partner? Wir glauben doch immer, unser persönliches Umfeld genau zu kennen, und wundern uns dann, wenn wir plötzlich gegen eine Wand anrennen. Fragen! Fragen! Und nochmals fragen! Es muss uns stets interessieren, was unsere Gesprächspartner denken und fühlen, erst dann können wir darauf eingehen.

Kultivieren Sie doch Ihre anteilnehmende Neugier an Ihrer Umwelt. Nicht danach, was sich in der Handtasche Ihrer Frau befindet, und nicht, was sie heute Vormittag getrieben hat, wenn sie es Ihnen nicht selbst erzählt. Fragen Sie nach ihren Wünschen, ihren Meinungen, ihren Träumen, ihren Vorlieben, ihren Ablehnungen, ihren Stimmungen, ihren Gefühlen – nach all dem, was ihre Persönlichkeit ausmacht. Seien Sie neugierig auf den Menschen und fragen Sie.

❹ Phase der Einwandbehandlung

Nachdem Bedarf und Angebot von Ihnen gegenübergestellt wurden, ist nun der Widerspruchsgeist des Gesprächspartners am Zug. In dieser Phase müssen Sie die gemeinsamen Standpunkte klären, Schritt für Schritt dem Kunden erkenntlich machen, dass Ihr Angebot seinen Bedarf bestens abdeckt.

Wenn Sie es geschafft haben, sehr genau zu ermitteln, was Ihr Kunde wirklich wünscht, und ihm das entsprechende Angebot machen konnten, können Sie im Idealfall auch gleich in die Abschlussphase gleiten.

Im Normalfall rächt es sich, wenn Sie auf Einwände und Zweifel des Kunden nicht konstruktiv eingehen und vorschnell eine Entscheidung herbeiführen wollen.

Als verantwortungsvoller Arzt werden Sie auf die Einwände Ihres Patienten sogar direkt losgehen: Sie sprechen erwartete Schwierigkeiten selbst an und motivieren ihn, darüber mit Ihnen offen zu sprechen, um beratschlagen zu können, wie Ihr Patient diesen am besten begegnet.

Martin darf seinen Kunden in dieser Phase fadenscheinige Ausflüchte nicht „durchgehen“ lassen, sondern muss diese mutig ansprechen. Das Vertrauensverhältnis zwischen Lieferant und Stammkunde muss ein offenes Gespräch über eventuelle Risse im Gebälk der Geschäftsbeziehung vertragen: Gerüchte, Missverständnisse, unterschwellige Unzufriedenheit können ausgeräumt werden, wenn der Verkäufer darauf auch konstruktiv eingeht und um eine neue Verkaufschance kämpft.

Ganz besonders kritisch ist diese Phase im privaten Gespräch. Hier sind wir meist ganz besonders feige. Nicht selten wird ein privates Gespräch in dieser Phase einfach abgebrochen. Der geringste Widerstand wird mit „Dann lassen wir es halt!“ quittiert. Das Ergebnis ist Frustration auf beiden Seiten!

❺ Abschlussphase

In dieser Phase heißt es, den Kunden zu einer Entscheidung zu führen. Jetzt wird es für ihn ernst – ihm wird eine konkrete Handlung abgefordert. Vor allem Unsicherheit über die Wahl unterschiedlicher Möglichkeiten führt in dieser Phase oft zu einer Verweigerung der Entscheidung und damit zu einem Gesprächsende ohne Kaufabschluss.

„Gute Gespräche“ enden oft vor dieser Phase, weil der Verkäufer sie aus Angst vor einer negativen Entscheidung zu lange hinausschiebt oder gar nicht erst konkret anspricht.

So scheut auch Martin in unserem Beispiel das „Nein!“ und damit bleibt es bei ihm häufig bei guten, und dennoch ergebnislosen Gesprächen.

Ein Kaufabschluss/Auftrag, eine Einigung sind kein zwangsläufiges Ergebnis eines gut geführten Gesprächs, sondern das erfolgreiche Ende dieser letzten wichtigen Gesprächsphase.

Was machen Sie als Arzt? Ihr „Abschluss“ ist Ihre Gewissheit, dass sich Ihr Patient für die von Ihnen vorgeschlagene Behandlung entschieden hat und mitarbeiten wird. Gemeinsam mit Ihrem Patienten setzen Sie also Teilziele fest, vereinbaren Kontrolltermine. Sie verlangen von ihm, dass er zu bestimmten Terminen meldet, wie die Therapie anschlägt.

Was läuft in privaten Gesprächen schief? Wir werden oft nicht konkret genug. „Klare Vereinbarungen, gute Freundschaft!“ sollte hier als Leitmotiv stehen: Akzeptieren Sie keine vagen Entscheidungen! „Ja“ oder „Nein“ –

oder allenfalls noch „Ja, unter der Bedingung dass …“ Sonst müssen Sie hinnehmen, dass es zu keinem gewünschten Ergebnis des Gesprächs gekommen ist und das auch deutlich festhalten. Selbst mit unserem Lebenspartner können wir nicht immer einer Meinung sein. Die Definition klarer gegenseitiger Standpunkte bildet eine solide Basis für wechselseitige Toleranz und wechselseitiges Vertrauen.

Die Umsetzung des Gedankens

Denken Sie Ihr nächstes wichtiges Gespräch im Voraus durch und zerlegen Sie es in Gedanken in die dargestellten Phasen. Überlegen Sie, auf welche Punkte es in den einzelnen Stadien des Gesprächs ankommt, und bereiten Sie sich darauf vor. Machen Sie sich dazu eine stichwortartige Checkliste und überlegen Sie, wie Sie sich Schritt für Schritt auf Ihr Ziel hin bewegen.

Vorbereitungsphase:

- *Was ist mein Gesprächsziel?*
- *Was weiß ich über den Gesprächspartner?*
- *Welche Hintergrundinformationen benötige ich?*
- *Wie kann ich meine Angaben belegen, darstellen, visualisieren*?*
- *Welche Hilfsmittel benötige ich?*
- *Wie schaffe ich die gewünschte Atmosphäre, Ungestörtheit etc. für das Gespräch?*

Kontaktphase:

- *Begrüßung?*
- *Wie kann ich Vertrauen gewinnen?*
- *Wodurch schaffe ich Gemeinsamkeiten?*

....

....

....

....

....

Argumentationsphase:

- *Welche Fragen sind wichtig?*
- *Welche Argumente leiten sich daraus ab?*

....

....

....

....

....

Einwandbehandlung:

- *Welche Schwachpunkte gibt es, welche Einwände könnten kommen?*

....

....

....

....

....

Abschlussphase:

- *Mögliches Gesprächsergebnis – mit welchen Alternativen wäre dennoch Ihr Ziel erreicht? Wenn es zu keinem Kaufabschluss kommt, was könnten Sie dennoch erreichen: Namen und Adresse des Kunden, um ihn bewerben zu können, einen nächsten Besuchstermin etc.?*

22 Atmosphärische und andere Störungen

DEINE MENSCHLICHE UMGEBUNG IST ES,
DIE DAS KLIMA BESTIMMT.
MARK TWAIN (1835 – 1910),
US-AMERIKANISCHER ERZÄHLER UND SATIRIKER

Der Ton macht die Musik, wussten schon unsere Eltern, und wir wurden angehalten, unsere Wünsche und unser Verlangen in freundlichem Ton vorzubringen. Wenn wir unsere Eltern nicht gerade mit besten Noten verwöhnen konnten, dann lernten wir mit der Zeit, dass es besser war, den richtigen Zeitpunkt abzuwarten, um mit der Hiobsbotschaft eines schulischen Tadels herauszurücken, denn dafür reichte selbst der zuckersüßeste Ton nicht mehr, um damit gut anzukommen.

Kinder erkennen oft ganz instinktiv, wann ein Elternteil in der richtigen Stimmung ist, um den Schlag einer Missetat des Sprösslings leichter und wohlwollender zu verkraften, und sie lernen auch das ihre dazu zu tun, um diese Stimmung zu erzeugen.

„Du kochst viel besser als Annas Mutter. Es schmeckt zu Hause eben immer am besten."

„Schau, wie schön die Sonne untergeht. Setz dich zu mir und schauen wir zusammen zu."

Wenn Mutter entspannt und zufrieden war, konnte auch der folgenschwerste Streich ihres Sohnes sie nicht erschüttern und die daraus folgende Strafe fiel glimpflicher aus. Als Erwachsene vergessen wir leicht solche kindliche Erfahrungen.

Tatsache ist jedoch: So wie die Verpackung für ein erfolgreiches Produkt mitbestimmend ist, so ist das Umfeld Ihres Gesprächs von ganz wesentlicher Bedeutung.

Dabei geht es um:

- die Präsentation dessen, was Sie erreichen wollen – also Ihr Angebot,
- die Umgebung, in der das Gespräch verläuft,
- Sie selbst – Ihre Selbstpräsentation.

Kurz – es geht um die verkaufsfördernde Atmosphäre!

„Unsinn!“ höre ich Skeptiker sagen. „Erfolgreicher Verkauf findet statt in miesesten Lagerhallen wie auch in den luxuriösest ausgestatteten Boutiquen.“

Richtig!

Auch die einfachste Lagerhalle kann die „Atmosphäre“ haben, die der Kunde sucht und die dem Gesamtangebot angemessen ist: Ungezwungenheit, Möglichkeit, zu wühlen und ungestört die Jagdlust nach günstigen Angeboten auszuleben. Hier darf es ruhig laut und munter zugehen und auch der Umgang mit dem Personal wird sich kollegial, ungezwungen gestalten – eine gewisse allgemeine Goldgräberstimmung.

Ganz im Gegensatz dazu wird in der „feinen“ Boutique dem Bedürfnis des Kunden entgegengearbeitet, sich als etwas Besonderes, Einzigartiges zu fühlen: Hier wird die Erwartungshaltung des Kunden durch distanzierte Vornehmheit von Umgebung und Verkäufer befriedigt – eine ruhige, leise zurückhaltende Ausstrahlung.

Der Gesamteindruck muss „stimmig“ sein – alles muss passen:

- die Art des Produktsortiments,
- die Präsentation der Produkte in Schaufenster, Verkaufsraum und Werbeprospekten,
- Luft, Geruch, Temperatur und Akustik des Verkaufsraumes,
- das Erscheinungsbild der Mitarbeiter, das Auftreten, die Kompetenz, die Einstellung,
- das Klima zwischen den Mitarbeitern.

Störungen innerhalb dieser Gesamtstimmung werden vom Kunden oft nicht bewusst wahrgenommen – er fühlt sich in der Umgebung einfach nicht wohl, er hält sich nicht lange auf, das Interesse lässt schnell nach.

Unterschätzen Sie nicht die negativen Auswirkungen eines schlechten Betriebsklimas! Stürmt es in der menschlichen Witterungslage, so liegen für den Kunden fühlbare Spannungen in der Luft, die es für ihn ungemütlich machen. Daher ist es ganz besonders wichtig, für ein offenes, lockeres Miteinander innerhalb der Kollegenschaft zu sorgen und dieses nicht etwa durch destruktive Konkurrenzverhältnisse zu stören. Wettbewerb untereinander kann motivieren und anspornen – allerdings nur solange er ein anregendes Spiel bleibt und nicht zum ernsthaften Gegeneinander ausartet.

Kehren Sie Missstimmungen daher nicht unter den Tisch, sondern setzen Sie alles daran, sie wirklich auszuräumen.

Der Mensch ist ein „Augentier“ und dennoch, der optische Eindruck ist nicht alles. Luft, Temperatur, Geruch und Akustik können ebenso einladend wie – im schlechtesten Fall – abstoßend für den Kunden wirken. Dem Thema „Akustik“ ist der nächste Gedanke gewidmet, zur Frage des Geruchs hier noch einige Anmerkungen.

Gerüche beeinflussen unser Wohlbefinden. Rauch, Abgase, der Smog der Stadt haben unseren Geruchssinn schon sehr abstumpfen lassen. Wir haben uns angewöhnt, Gerüche nicht mehr bewusst wahrzunehmen, weil wir die Irritationen, die uns vor allem Großstädte und Industriezonen bringen, am liebsten einfach wegschieben.

Dennoch fühlen wir uns dort wohl, wo es für uns gut riecht.

„Ich kann diesen Menschen nicht riechen!“ ist ein schlimmes Urteil, das wir über einen Menschen fällen, denn über dieses „Nicht-riechen-Können“ kommen wir ganz selten hinweg.

Noch unüberwindlicher wird diese Geruchsbarriere, wenn wir uns gar nicht bewusst werden, warum uns irgendjemand unsympathisch ist oder warum wir uns an einem Ort sehr ungern aufhalten.

Sie sehen also, wie bedeutungsvoll es ist, das richtige Deodorant beziehungsweise Parfum zu wählen.

Das trifft auch für Ihre Räumlichkeiten zu: Denken Sie nach, was sich in unseren Büros und Verkaufsräumen manchmal für Gerüche mischen: der scharfe Salmiakgeruch des Putzmittels, auf das die Putzfrau schwört und das sie deshalb in Übermengen anwendet; der meist nicht gerade angenehme Geruch neuer, ungebrauchter Produkte; das etwas zu üppig aufgetragene Duftwasser der neuen jungen Mitarbeiterin, die ihre Unsicherheit in einer zu intensiv süßlichen, jedoch geschickt vermarkteten „Männerfalle“ zu ertränken sucht.

Was Sie dagegen tun können?

Entscheiden Sie sich für ein aktives „Geruchsmanagement“. Beeinflussen Sie in geplanter Weise die um Sie herum entstehenden Gerüche. Stimmen Sie die Gerüche aufeinander ab: vom Putzmittel bis zu den Aromastoffen, die Ihren Räumen einen angenehmen Duft verleihen.

Überzeugen Sie z.B. Ihre Putzfrau, dass Apfelessig sich bestens für eine ökologische und sinnvolle Reinigung eignet. Er löst hartnäckige Flecken, absorbiert auch unangenehme Gerüche und desinfiziert.

Überzeugen Sie Ihre Kollegen, auf zu intensive Parfums zu verzichten, so dass letztendlich jeder mit seiner Auslese aus dem Garten der Düfte zu einem annähernd harmonischen Bukett beiträgt.

Aromatisieren Sie Ihre Verkaufsräume (und auch die Büros) und setzen Sie den für Sie passenden Aromastoff wohldosiert und gezielt ein. „Wohldosiert" bedeutet idealerweise knapp unter der Bewusstseinsschwelle – so dass man ihn also nicht bewusst wahrnimmt, das Wohlbefinden sich dennoch einstellt.

Das Raum-Aroma sollte Ihre Verkaufsbemühungen unterstützen: Denken Sie darüber nach, welche Gerüche zu Ihnen passen – was Sie damit erreichen wollen:

- Anregen, Ermüdungen entgegen wirken, die Konzentration fördern – sinnvoll z.B. im Buchhandel, in Kundenräumen, wo lange, konzentrierte Beratungsgespräche geführt werden müssen; das erreichen Sie beispielsweise mit Lemongras, Zitrone, Grapefruit.
- In einer stressigen, hektischen Umgebung wird es hingegen sinnvoll sein, nervenberuhigend zu wirken. Ylang Ylang entkrampft bei Ärger und Hektik.
- In der Trachtenstube unterstützen Gerüche, die Tradition, Nostalgie und die Sehnsucht nach Natur und Landleben wecken.
- Schöne Wäsche hingegen wird für den Kunden am verlockendsten werden, wenn es gelingt, ihn in eine genießende, sinnliche Stimmung zu versetzen (Jasmin, Orange, Sandelholz).

Nicht zuletzt sind jedoch auch Sie selbst – Ihre Selbstpräsentation – Teil der angestrebten positiven Atmosphäre. Hierfür können Sie die Verantwortung nicht einmal teilen – sie bleibt buchstäblich an Ihnen hängen.

Ihr Auftreten, Ihre Frisur, Ihre Kleidung, Ihre Entscheidung für ein auffälliges oder dezenteres Make-up, für eine pompös teure Krawattennadel machen Stimmung. Je nachdem, in welchem Rahmen Sie sich bewegen – für oder gegen Sie!

Kleidung verbindet – wie sie auch trennen kann. Kleidung ist stark mit Konventionen verbunden, mit Tradition. Kleider machen Leute – auch heute noch. Versuchen Sie doch bei einem teuren Juwelier ernst genommen zu werden, wenn Sie in T-Shirt und Jeans auftauchen.

Die Gesellschaft ist durchlässiger geworden und damit zwangsläufig toleranter in Fragen der „richtigen Bekleidung". Dennoch prägt sie den ersten Eindruck, den Sie vermitteln, und ist Grundlage für das erste „Vor-Urteil", das gefällt wird, und dies nicht nur im Hinblick auf Geschmack und Einschätzung Ihres Einkommens.

Angepasstheit kann wohlwollend wie auch abschätzend zur Kenntnis genommen werden. Auffälligkeit kann das Interesse wecken oder Ursache dafür sein, dass der Stab ohne weitere Anhörung über Sie gebrochen wird.

Ein – wenn nicht das wichtigste – Argument für Firmenkleidung im Verkauf ist ein Ausweg aus dem aufgezeigten Dilemma „Welche Kleidung der Verkaufs-Mannschaft ist angepasst?" So manche Kundin will von einer Verkäuferin beraten werden, die eindeutig Geschmack beweist und um Himmels willen nicht besser gekleidet ist als sie selbst und sich schon gar nicht in dem exklusiven Damenfachgeschäft einkleidet, in dem sie beschäftigt ist (bei der Konkurrenz einkaufen sollte sie auch nicht – das ist doch illoyal!).

Fazit?

Zurückhaltung ist angesagt, Understatement gefragt, gemäßigte Angepasstheit weise, Neutralität in diesem Fall keinesfalls feige. Das Gleiche gilt für das Auftreten ganz allgemein und steht im Einklang mit der Gesamtphilosophie: selbst ein wenig zurücktreten, die anderen, den Kunden, den Gesprächspartner wichtig nehmen und ihr/ihm die Möglichkeit geben, sich selbst in Szene zu setzen.

Die anderen wichtig nehmen schafft Atmosphäre.

Die Umsetzung des Gedankens

Wie sieht Ihre menschliche Atmosphäre rundum aus? In den beruflichen Arbeitsgruppen? Im Freundeskreis? Im engsten Familienkreis?

Sind Sie ein Mensch, der positive Atmosphäre schafft? Schaffen kann?

Sicher können Sie es – erinnern Sie sich?

Es hat doch auch Spaß gemacht – und belebt. Sie selbst haben sich gut und lebendig gefühlt.

Es geht nicht immer – warum jedoch nicht immer öfter?

Legen Sie ein bisschen mehr Augenmerk auf das Umfeld, in dem Sie die wichtigen beruflichen wie auch privaten Begegnungen Ihres Lebens ablaufen lassen. Sie verleihen damit dem Alltag mehr Farbe.

Den Ansporn dazu können Sie auch aus rein selbstsüchtigen Motiven ableiten: Eine positive Atmosphäre wirkt wiederum auf Sie zurück und erleichtert auch Ihnen das Leben.

Nehmen Sie Papier und Bleistift – was lässt sich verbessern?

Beginnen Sie mit ein, zwei Maßnahmen, die offenkundige Auswirkungen haben, an denen niemand leicht vorbeigehen kann: z.B. besseres Licht an einem Ort, mit dessen Trostlosigkeit sich bereits alle abgefunden haben.

Oder ein üppiger Blumenstrauß – Efeu und Wiesenblumen vom Sonntagsspaziergang – als einladender Blickfang in einer bisher toten Ecke.

Machen Sie damit „Atmosphäre" zum Thema auch für Kollegen, Freunde und Familie.

23 Wunderdroge Musik

OHNE MUSIK WÄRE DAS LEBEN EIN IRRTUM.
FRIEDRICH NIETZSCHE (1844 – 1900),
DEUTSCHER PHILOSOPH

„Manche Klänge sind genauso gut wie zwei Tassen Kaffee", meinte der renommierte französische Ohrenarzt Dr. Alfred Tomatis. Das Ohr ist dazu geschaffen, Gehirn und Körper mit Energie zu versorgen. Seit die Menschheit zu musizieren begann, half ihr die Musik, die Anforderungen des Lebens besser zu bewältigen.

Ein Großteil der von den menschlichen Sinnesorganen an das Gehirn gelieferten Reize stammt vom Gehör. Dabei konnte wissenschaftlich nachgewiesen werden, dass hohe Frequenzen eine Energieaufladung für die Großhirnrinde bringen, wodurch Kreativität, geistige Wachheit und ganz grundsätzlich das Wohlbefinden beeinflusst werden.

Musik verändert die Grundstimmung. Dabei erstreckt sich diese Wirkung nicht nur auf die Psyche, sondern sie löst auch physiologische Veränderungen aus.

Wir fühlen uns müde und blockiert, wenn den zentralen grauen Nuklei-Zellen in der Großhirnrinde die elektrische Ladung ausgeht. Ihre Aufgabe ist es, das Gehirn mit der notwendigen Elektrizität zu versorgen. Sie funktionieren wie kleine elektrische Batterien, werden jedoch nicht durch den Stoffwechsel, sondern durch Hochfrequenzschall aufgeladen, der von den Corti-Zellen des Innenohres aufgenommen wird. Dabei handelt es sich um 24.600 langstielige Zellen, die sich entsprechend den unterschiedlichen Frequenztönen des auftreffenden Schalls bewegen und dabei Energieströme erzeugen. Diese Energie wird an die erwähnten Ladebatterien der Großhirnrinde weitergeleitet.

Doch Schall ist nicht gleich Schall: Niederfrequenztöne, wie im Lärm von Straßenverkehr, Flughäfen und Baustellen enthalten, erschöpfen Geist und Körper – sie geben keine Energie – sie entleeren das Gehirn. Den gleichen Effekt üben die tiefen Hammertöne der Rockmusik aus.

Töne zwischen 5000 und 8000 Hertz laden die „Hirnbatterien" am schnellsten auf. Spezialisten wie Dr. Tomatis fanden heraus, dass besonders Mozarts Werke ein Reservoir an Ultrahochfrequenztönen enthalten. In seiner inzwischen weltweit bekannten Musiktherapie setzte er daher vor allem Mozarts Musik ein. Der prominente Schauspieler Gérard Depardieu verdankt ihm – und Mozarts Musik – die Heilung eines Gehörschadens (und des daraus entstandenen Stotterns) und hat Dr. Tomatis den respektvollen Spitznamen „Dr. Mozart" gegeben.

Um Entspannung zu erzielen, sollte sich die Musik am Herzschlag und der Atmung orientieren. Dafür sind 60 – 70 Schläge pro Minute optimal. Diesen Anforderungen entsprechen die langsamen Sätze klassischer Barockmusik (Andante, Adagio, Largo) von Mozart, Vivaldi, Bach, Telemann mit der starken Betonung der Streichinstrumente und ihren hohen Frequenzen.

Die alten Meister schufen ihre Musik nach ganz bestimmten Regeln, die angeblich seit ältesten Zeiten in der Musikgilde von einer Generation an die andere weitergegeben wurden. Der relativ langsame Taktschlag vermittelt außerdem ein inneres Gefühl der „Zeitausdehnung".

Was hatte es mit der „leichten Tafelmusik" privilegierter Kreise früherer Jahrhunderte auf sich? Tests in Restaurants zeigten, dass Gäste, die bei gemessener klassischer Musik speisten, langsamer kauten, damit die Nährstoffe besser aufnahmen und verdauten. Dennoch nahmen sie nicht zu.

Was hat das alles nun mit unserem Thema des Verkaufsgesprächs zu tun?

Ganz einfach – wenn Sie diese Musik als Hintergrundmusik einsetzen, schaffen Sie damit ideale Bedingungen für erfolgreiche Kommunikation:

- Stress wird abgebaut, der Aggressionslevel wird gesenkt. Menschen gehen leichter aufeinander zu. Damit eignet sie sich besonders als Hintergrund für spannungsgeladene Meetings.
- Es stellt sich eine hellere, heitere Stimmung ein. Es wird vermehrt Serotonin – das Glückshormon – produziert. Weil dadurch Schmerz gelindert werden kann, bietet sich der Einsatz beim Arzt und im Krankenhaus geradezu an.
- Eine Angst lösende Atmosphäre bietet die notwendige Grundlage für offene Kommunikation. Gerade heikle Themen, über die man nicht gerne spricht, lassen sich vor solchem Hintergrund leichter behandeln.
- Die Musik spricht die rechte Gehirnhälfte an, die für Kreativität, Intuition und ganzheitliches Denken verantwortlich ist. Für Brainstor-

mings – also Kreativsitzungen – ist der unterstützende Einsatz dieser Musik geradezu unerlässlich.

- Die Aufnahmebereitschaft wird erhöht. Damit bildet diese Art von Musik *die* Basis für ein besonderes Lernverfahren, das von dem bulgarischen Arzt und Psychologen Prof. Georgi Lozanov erstmals entwickelt wurde. Unter dem Namen „Superlearning“ steht es – heute international anerkannt – für Freude und überraschende Erfolge beim Lernen. Wir wissen heute, dass intelligente Denkleistungen das Resultat netzartiger Strukturen der Nervenzellen im Gehirn sind und dass die Fähigkeit zu starker Vernetzung sowohl trainiert als auch gefördert werden kann. Eine Möglichkeit ist die Lernunterstützung durch die „richtige Musik“, die in der Lage ist, die Komplexität der neuronalen Vernetzung zu erhöhen.
- Manchmal wird die Hintergrundmusik an sich kaum wahrgenommen – wohl aber die erquickende Wirkung. Kunden halten sich in derart beschallten Verkaufsräumen gerne auf und beschreiben ganz allgemein eine „angenehme Atmosphäre“.

Was nun, wenn Barockmusik nicht gerade Ihre bevorzugte Musikrichtung ist?

Ob Sie diese Musik nun mögen oder nicht – die positive Wirkung wird sich einstellen. Lassen Sie es einfach zu. Unsere Vorlieben entstehen mehr aus Gewohnheit als aus echter Selektion. Nach kürzester Zeit wird eine anfängliche Aversion nachlassen, vielleicht werden auch Sie die Musik gar nicht mehr bewusst hören – die belebenden Effekte jedoch werden Sie genießen!

Die Umsetzung des Gedankens

Noch nicht überzeugt?

Probieren Sie es einmal aus: Sie sind müde und schlapp, haben dennoch einiges vor für diesen Abend. Dann machen Sie die Probe aufs Exempel: Strecken Sie sich entspannt aus und geben Sie sich den Klängen der Goldberg-Variationen von Johann Sebastian Bach hin (diese sowie weitere Andantes, Adagios und Largos von Mozart, Bach und Vivaldi gehören in jede musikalische Hausapotheke).

Lassen Sie Ihren Geist mit der Musik mitschwingen. Es schadet auch nicht, wenn Sie einschlafen – stellen Sie sich für alle Fälle einen Wecker. Sie werden in 20 – 30 Minuten ausreichende Erholung finden, um den Abend noch so richtig genießen zu können.

Sie müssen ein unangenehmes, klärendes Gespräch mit einem Freund führen? Mozart kann Sie mit seiner kleinen Nachtmusik dabei wirkungsvoll unterstützen. Die entspannende Hintergrundmusik wird eine positive Atmosphäre schaffen, Sie werden sich nicht so leicht provozieren lassen und besser in der Lage sein, Ihrem Gesprächsleitfaden zu folgen. Und auch Ihr Freund wird sich der harmonisierenden Wirkung nicht entziehen können und höchstwahrscheinlich zugänglicher sein.

(Ich stelle Ihnen gerne eine Musikliste zur Verfügung. Schicken Sie mir eine E-Mail: welcome@mcwise.at)

24 Für den ersten Eindruck gibt es keine zweite Chance

NIE IN DIE FERNE ZEIT VERLIERE DICH!
DEN AUGENBLICK ERGREIFE!
DER IST DEIN.
FRIEDRICH VON SCHILLER (1759 – 1805),
DEUTSCHER DICHTER UND DRAMATIKER

Sie haben 30 bis 60 Sekunden Zeit. Im Unbewussten* Ihres Kunden fällt innerhalb dieser ersten Minute die Entscheidung; gibt er Ihnen eine Chance oder nicht?

Das klingt überzogen?

Testen Sie sich doch selbst. Beobachten Sie sich bewusst, wenn Sie einen Laden betreten, und Ihre Reaktion auf den ersten Kontakt:

- Werden Sie wahrgenommen?
- Ist da ein freundlicher Gruß, ein herzliches Lächeln, das sie weiterlockt?
- Kommt Ihnen jemand interessiert entgegen und nimmt Ihre Aufmerksamkeit auf?
- Regt Sie etwas an und zieht Sie in seinen Bann?
- Fühlen Sie sich wohl und angeregt?
- Finden Sie sich zurecht?
- Nimmt Sie jemand – bildlich gesprochen – an der Hand und hilft Ihnen weiter?

Trifft etwas davon zu – oder im besten Fall sogar mehreres –, dann sind Sie offen für alles, was da kommen mag.

Ist hingegen Ihre erste Erfahrung Frustration, dann werden Sie sich verschließen und eher kritisch und vielleicht sogar lustlos Ihrer Umgebung, dem Verkäufer, dem Produkt gegenüberstehen.

Wir werten ständig! Alles, was wir wahrnehmen, wird mit unseren bisherigen Erfahrungen verglichen, neue Verbindungen im Netzwerk von Assoziationen* werden hergestellt, das Gefühl wird angesprochen und aufgefordert, Lust oder Unlust zu erzeugen.

Wir bewerten ganz automatisch, was wir erleben. Neutrales – also vom Gefühl unbeeinflusstes – Erleben ist somit ganz und gar unmöglich. Unser Gehirn lässt es einfach nicht zu, weil es immer gleich die gefühlsmäßige Bewertung einer Sinneswahrnehmung einholt.

Wir haben also 30 Sekunden Zeit, um eine positive Gesprächsatmosphäre zu schaffen. Eine Konvention unserer Kultur hilft uns dabei.

Am Anfang jeder Begegnung steht der Gruß. „Hast du Tante Maria schon guten Tag gesagt?" Welches Kind hat solche inquisitorische Fragen eines Elternteils nicht gehasst. Die Frage kam ja meistens dann, wenn wir es nicht getan, weil wir gar keine Lust dazu hatten, die ungeliebte Tante willkommen zu heißen, wo wir doch nicht erwarten konnten, dass sie wieder geht.

Das wird verständlich, wenn man sich den Sinn des Grußes überhaupt vergegenwärtigt. Er spielt in allen Kulturen eine große Rolle. Wenn ein Gruß ausgesprochen wird, wird Fremdheit überwunden. Solange man wortlos und ohne Beachtung aneinander vorbeigeht, bleiben – bewusst oder unbewusst – eine gewisse Distanziertheit und Gleichgültigkeit. Innerhalb einer Gemeinschaft, die einander kennt oder auch vorübergehend miteinander zu tun hat, ist eine Überwindung dieser Fremdheit gewünscht – daher die Konvention des Grußes.

Doch die Bedeutung geht darüber hinaus, wenn wir den Negativfall betrachten, die Verweigerung des Grußes. Sie wird als ausdrückliche Missachtung, als Bestrafung eingesetzt. „Er hat mich ignoriert, mich einfach nicht gegrüßt!" Das kommt schon fast einer sozialen Kampfansage gleich.

Auch die Art des Grußes bietet eine Bandbreite, um unterschiedliche Stufen von Nähe, Intimität und Willkommensein auszudrücken:

- zwischen einem herzlichen Lächeln oder einem abschätzigen, abwartenden Mustern,
- zwischen einem freundlichen Entgegengehen oder Stehenbleiben (bzw. Weitergehen),
- zwischen einem Achtung andeutenden Kopfnicken und einem starren, geraden Blick,
- zwischen entgegengestreckter Hand und den Händen fast hinter dem Rücken.

Sie sehen, wie viele unterschiedliche Ausdrucksmöglichkeiten uns zur Verfügung stehen – bzw. unbewusste Körperhaltungen vom Gegenüber aufgenommen und gefühlsmäßig bewertet werden. Sie erinnern sich – wir können die Körpersprache nicht ausschalten. Der Körper kann nicht einfach stumm sein.

Der Gruß ist mehr als leere Konvention. Er definiert die Fronten:

- Wie stehen wir zueinander?
- Was haben wir voneinander zu erwarten?

Achten Sie daher auf die Art, wie Sie andere begrüßen:

Gleich begrüßen – nicht auf den anderen warten. Das Abwarten, dass der gesellschaftlich Rangniedrigere zuerst grüßt, gehört in eine gottlob versunkene Zeit. Sie lassen sich die Initiative nicht aus der Hand nehmen. Und wenn Ihr Gruß nicht erwidert wird – das entwertet nicht Sie, sondern denjenigen, der den Gruß „vergessen" hat. Das Nichterwidern eines Grußes ist nur in Ausnahmefällen beabsichtigte Missachtung. Es gibt notorische „Nichtgrüßer", meistens unkonzentrierte Menschen mit einer Überdosis Medienkonsum. Wir werden ständig von Radio- und Fernsehsprechern begrüßt und sind gewohnt, darauf keine Antwort zu geben. Leider gibt es immer mehr Menschen, die nicht mehr „umschalten" können, wenn sie einmal abschalten.

Kommen Sie Ihren Kunden – Ihren Freunden – entgegen, schon bei der Begrüßung. Die coole Gelassenheit der jungen Generation ist Ausdruck von Unsicherheit, die durch Blasiertheit überdeckt wird und ist für ein behagliches menschliches Zusammenleben ganz und gar ungeeignet. Ein herzliches Lächeln, Wärme in den Augen, Willkommen, das der ganze Körper ausdrückt – das ist die Basis für Erfolg bei seinen Mitmenschen, in einem Leben, in dem alles Verkauf ist.

Die Umsetzung des Gedankens

Beobachten Sie sich selbst, wie auch für Sie der erste Eindruck entscheidet: Wenn Sie neue Bekanntschaften machen, Ihnen jemand vorgestellt wird, Sie einmal nicht in Ihren Stammläden einkaufen gehen.

Halten Sie kurz inne und denken Sie darüber nach, was jetzt Ihr (Vor-) Urteil beeinflusst hat. Machen Sie sich darüber Notizen. Wir vergessen so leicht die Ursachen – meist bleibt nur das Ergebnis in unserer Erinnerung bestehen.

Wenn Sie beginnen, sich mit dem „ersten Eindruck" anderer zu beschäftigen, wird sich für Sie ganz automatisch immer wieder die Frage stellen: „Wie wirke ich auf den ersten Blick?"

Scheuen Sie sich auch nicht, danach zu fragen – die Arbeitskollegen, Bekannte – eher Menschen, denen Sie nicht so sehr vertraut sind.

Stellen Sie jedoch konkrete Fragen – auf die allgemeine Frage werden sich die meisten in eher unsichere, vage Antworten flüchten. Wir sind es nicht gewohnt, kritische Beobachtungen den Betroffenen selbst direkt mitzuteilen.

Wie habt ihr mich auf den ersten Blick erlebt?

unsicher	*o o o o o*	*selbstsicher*
müde	*o o o o o*	*energiegeladen*
verschlossen	*o o o o o*	*offen*
distanziert	*o o o o o*	*herzlich*
kühl	*o o o o o*	*warm*
desinteressiert	*o o o o o*	*interessiert*
melancholisch	*o o o o o*	*heiter*
kontrolliert	*o o o o o*	*spontan*
unsympathisch	*o o o o o*	*sympathisch*
introvertiert	*o o o o o*	*extrovertiert*
ablehnend	*o o o o o*	*anziehend*
langweilig	*o o o o o*	*lebhaft*
abwartend	*o o o o o*	*entgegenkommend*
abschätzend	*o o o o o*	*wertschätzend*

Haben Sie keine Angst vor offenen, kritischen Bemerkungen. Das ist ein erster Eindruck – ein Vorurteil, das korrigierbar wird, sobald Sie herausgefunden haben, was an Ihrem Auftreten ein falsches, unerwünschtes Bild von Ihnen gibt. Erziehung bildet nicht nur – sie verbildet meist auch unsere Spontaneität, Offenheit und Direktheit.

Das zu wissen ist der erste Schritt auf dem Weg zurück zu sich selbst.

25 Die persönliche Kontaktstrategie

VERANTWORTLICH IST MAN NICHT NUR FÜR DAS,
WAS MAN TUT, SONDERN AUCH FÜR DAS,
WAS MAN NICHT TUT.
LAOTSE
(EHER 6., NACH ANDEREN QUELLEN
4. ODER 3. JAHRHUNDERT V. CHR.),
CHINESISCHER PHILOSOPH, BEGRÜNDER DES TAOISMUS

Es gilt das allgemein gültige Patentrezept zu suchen, wie man Menschen im ersten Anlauf gewinnt. Doch dieses gibt es nicht! Sie ganz persönlich sind gefragt – keine Kopie eines jovialen Spitzenverkäufers –, Sie als Original in Ihrer unverwechselbaren Art.

Entwickeln Sie Ihre persönliche Kontaktstrategie!

Der erste Kontakt ist zumeist der spontane „Blickkontakt". Die Blicke treffen sich und die Gesprächspartner nehmen einander wahr. Das gilt es festzuhalten.

Gerade der Blickkontakt ist jedoch entwicklungsgeschichtlich belastet: Im Blick offenbart sich die Seele, erkannten die Menschen schon sehr bald und belegten den offenen direkten Blick mit unterschiedlichen Tabus. Der Bescheidene, Schüchterne schlägt den Blick nieder, weil er dem Blick des anderen „nicht standhalten" kann. Kindern wurde beigebracht, den Blick zu senken, um dadurch die Autorität der Erwachsenen anzuerkennen. Mit Blicken kann man sich auch gegenseitig niederkämpfen – das haben Sie sicher selbst schon einmal erlebt.

In den Augen Ihres Gesprächspartners erkennen Sie jedoch auch seine Stimmung, ob er geistig „da ist" und Ihnen zuhört. Mit Freundlichkeit und Wärme in den Augen drücken Sie Willkommen und Anteilnahme aus.

Der erste Blick ist Ihre erste Visitenkarte. Ohne Worte können Sie ausdrücken: Komm herein, bleib da, hier bist zu willkommen, ich höre dir zu.

Sie müssen das Zugehen auf den anderen von innen heraus leben. Die Herzlichkeit muss aus Ihnen strahlen – nicht aufgesetzt sein. Die Art des Grußes muss Ihnen ganz natürlich von den Lippen kommen.

„Gott zum Gruß“ mag eine hübsche, etwas individuellere Form des Grußes sein – aber es muss zu dem Menschen passen, der es sagt. Man muss es ihm abnehmen, dass er seine Beziehung zu Gott gefunden hat und dass er dementsprechend dem Empfänger des Grußes Gottes Segen wünscht.

Lassen Sie beispielsweise Ihre Lebensfreude in „Ich wünsche Ihnen einen wunderschönen guten Morgen!“ mitschwingen. Es wird nicht nur den so Empfangenen, sondern auch Ihnen selbst Schwung geben.

Die „Kontaktstrategie“ geht allerdings über die reine Grußformel hinaus. Es gilt, den Kontakt aufzubauen:

- sich als kompetenten Gesprächspartner zu präsentieren;
- in eine positive Gesprächsatmosphäre einzusteigen.

Der Kunde sollte der Überzeugung sein, dass er mit seinen Wünschen und Fragen bei Ihnen an der richtigen Adresse ist. Doch auch die Freunde, den Partner müssen wir hin und wieder daran erinnern, dass wir ernst genommen werden können. Von Familie und Freunden wird man oft unterschätzt, wenn man selten die Chance hat, seine Fähigkeiten zu beweisen.

Wie vermitteln Sie nun Ihrem (möglichen) Kunden innerhalb weniger Sekunden Ihre Kompetenz?

Erinnern Sie sich dazu an unseren Gedanken zum Thema „Selbstbewusstsein“. Ein selbstbewusstes (nicht überhebliches!) Auftreten veranlasst Ihre Umgebung, Ihnen Vertrauensvorschuss zu gewähren und Ihnen im Voraus einmal die notwendige Autorität zuzubilligen. Die Gretchenfrage ist daher: Halten Sie sich selbst für fähig?

Der Einstieg in eine positive Gesprächsatmosphäre mit einem Kunden wird mehr sein müssen als ein erwartungsvolles „Bitte?“ – auch wenn es freundlich ausgesprochen ist. Die Kürze verleiht dem Wort oft eine Schärfe, in der Ungeduld oder Desinteresse mitschwingen.

Wie auch immer Sie nun Ihren Gesprächsanfang formulieren, denken Sie daran, dass Sie Ihren Gesprächspartner, Ihren Kunden motivieren wollen: „Sprich mit mir!“

Ein „Kann ich Ihnen helfen?“ ist daher schlecht geeignet. Es verlangt vom Gesprächspartner nicht mehr als ein „Ja“ oder „Nein“. Beides hilft Ihnen nicht weiter und gibt den Ball unmittelbar wieder an Sie zurück.

Formulieren Sie offene Fragen „Womit ...?“ „Wobei ...?“ „Was ...?“, auf die er mit einem Satz antworten muss. Gehen Sie auf den Kunden und die augenblickliche Situation ein: „Was darf ich Ihnen zeigen?“ passt für den Kunden, der sich ganz offensichtlich erst einmal umschauen will. „Worüber darf ich Sie informieren?“ vermittelt ebenfalls ein unverbindliches Auskunftsangebot, das nicht gleich die Erwartung eines Verkaufsgeschäftes unterstellt.

Vermeiden Sie stereotype Formeln, die Sie einfach immer automatisch abspulen. Auch wenn es sich dabei grundsätzlich um „gute“ Gesprächseröffnungen handelt, ruiniert die offensichtliche Programmierung jeden Effekt.

Keine Frage – Sie sind keine Jukebox, in die man eine Münze einwirft, um dann unter fünfzig verschiedenen Einstiegsvariationen zu wählen. Andererseits ist es auch für Sie quälend langweilig, immer die gleiche Platte abzuspielen. Entwickeln Sie einige wenige Varianten, die Sie stimmungsabhängig und angepasst an die unterschiedlichen Kundentypen einsetzen können, um sich selbst zu motivieren.

Eine Plage ist beispielsweise der – automatische – Gesprächsbeginn mit der Frage „Wie geht es Ihnen?“, wo man gleich spürt, dass der Gesprächspartner eigentlich schon darauf lauert, zum Kern zu kommen und die Antwort daher für ihn gar nicht interessant ist. So etwas löst unbewusste Verärgerung aus. Wenn Sie einen Geschäftspartner nach seinem Befinden fragen, muss er Ihnen nahe genug stehen, um Ihnen aufrichtiges Interesse daran abzunehmen. Sonst entlarvt es sich selbst als das, was es ist: ein instinktloses Einschleichen.

Aber auch unter Freunden sollten Sie diese Frage nur dann stellen, wenn Sie bereit sind, sich die Antwort in geduldiger Anteilnahme anzuhören. Wichtig wird sie doch erst dort, wo die Antwort nicht einfach „Danke gut!“ ist, sondern wo sie dem Gesprächspartner die Erleichterung verschafft, über sein Missbehagen reden zu dürfen. Muss sie/er dann erkennen, dass Sie gar nicht zuhören, dann wird ihr/sein Empfinden zwischen Demütigung und Verärgerung schwanken.

Die Umsetzung des Gedankens

Der wichtigste Punkt einer persönlichen Kontaktstrategie ist es, dem Gesprächspartner das „Willkommensein" zu vermitteln.

Jeder von uns möchte willkommen sein. Viele mögliche Kontakte unterbleiben, weil Unsicherheit darüber besteht, ob man auch positiv angenommen wird.

Vermitteln Sie „Willkommensein"?

- *Kommt man gerne zu Ihnen?*
- *Wendet man sich gerne mit einem Anliegen an Sie?*
- *Spricht man Sie gerne an?*

Wenn Sie ehrlich zugeben müssen, dass dies nicht so ist, dann sollten Sie ebenso ehrlich nach den Ursachen dafür suchen:

Ist es eine Einstellungsfrage? Sind Ihnen andere Menschen eigentlich gar nicht willkommen – wollen Sie am liebsten unbehelligt sein? Damit schränken Sie die Möglichkeit eines erfolgreichen Umgangs mit Ihrer Umwelt sehr ein, weil Ihnen die wichtigste Grundlage fehlt: das Interesse an anderen.

Wird es einfach durch Ihre Körpersprache nicht ausgedrückt? Befassen Sie sich nochmals mit unseren Gedanken zum Thema „Wortschatz der Körpersprache" und befreien Sie sich von möglicherweise anerzogener Verklemmung.

26 Smalltalk verbindet

REDE, DAMIT ICH DICH SEHE!
SOKRATES (470 – 399 V. CHR.),
GRIECHISCHER PHILOSOPH

Im Anfang war das Wort.

Das Wort des Schöpfers, sicher nicht das Wort von uns Menschen. Am Anfang war nicht der sprachliche Inhalt, die klare textliche Information, sondern der Ausdruck unserer Stimmungen und unserer Beziehungen zu den anderen.

Wir haben uns entwickelt, wir haben sehr komplexe Sprachen ausgebildet und damit auch eine Ebene abstrakten Denkens und abstrakter Sprache erreicht, welche die meisten Menschen mehr trennt als verbindet.

Der Ursprung der Sprache liegt im Ausdruck von Befindlichkeiten. Die Sprache, die Kommunikation, dient in ganz wesentlichem Maße dazu, nicht nur Inhalte zu vermitteln, sondern eine Verbindung zum Mitmenschen herzustellen. Der oft so sehr geschmähte Smalltalk erfüllt damit eine ganz wichtige Funktion, auch wenn sein Inhalt möglicherweise klein und intellektuell anspruchslos ist. „Durchs Reden kommen die Leute zusammen" ist eine jener klugen bäuerlichen Lebensweisheiten, in denen der zugrunde liegende Tiefgang oft nur intuitiv erfasst wurde.

Auch wenn ich mit Ihnen über das Wetter plaudere und Ihnen damit keine wesentlichen sachlichen Informationen gebe, weil Sie ja selbst sehen, dass es nebelig-trüb ist und die Feuchtigkeit durch Ihre Kleider kriecht, so schaffe ich damit Atmosphäre. Sie erfahren ein wenig über meine Empfindungen und Gefühle. Aus meinem Tonfall, meiner Körpersprache, meiner Ausdrucksweise, meiner Wortwahl können Sie indirekte Hinweise über mich und meine Beziehung zu Ihnen ziehen. Ich mache mich damit Ihnen ein wenig vertrauter, bekannter. Ihre Antworten und Ihr Eingehen darauf geben wiederum mir die Chance, weitere Schritte zu Ihnen zu tun.

Erinnern Sie sich an Ihre letzte Zugfahrt? Sie betreten das übliche Zugabteil mit sechs Plätzen, sehen, dass noch Plätze frei sind, und nehmen diese in Besitz. Die zwei bereits anwesenden Personen deuten vielleicht nickend einen Gruß an, den Sie ebenso wortlos erwidern. So ginge es auch – so läuft es traditionell nicht ab.

Nein, Sie betreten das Abteil, grüßen und fragen, ob die Plätze noch frei sind, auch wenn Sie genau sehen, dass niemand sie besetzt hat. Die zwei bereits anwesenden Personen hätten ja gar kein Recht, Ihnen die Plätze zu verweigern. Dennoch fühlen Sie sich gleich wohler, wenn diese Ihre rhetorische Frage bejahen und Ihnen damit quasi die „Erlaubnis" zum Niedersetzen geben.

Wenn die Reisenden einen kleinen, noch so banalen Satz anhängen, der in freundlichem Ton kommt, wird dieses Zugabteil zu Ihrem Abteil, Sie fühlen sich zu Hause, Sie haben nicht mehr das Gefühl, fremd zu sein.

Unsere Erziehung hat uns jedoch leider verbildet. „Rede nur, wenn du gefragt wirst!" hieß es da bereits, als wir noch in den Kinderschuhen steckten. Sowohl in den Familien als auch ganz besonders in der Schule. So haben viele Menschen Hemmungen, mit anderen, ihnen Unbekannten ins Gespräch zu kommen, solange sie nicht ganz nachdrücklich von ihrem Gegenüber dazu aufgefordert werden. Das Problem ist, dass das Gegenüber in derselben Weise erzogen worden ist und höchstwahrscheinlich ebenso auf die erlösende Frage wartet, die es ihm endlich gestatten würde, den Mund aufzumachen und die Spannung, die sich bei solchermaßen erzwungenem Schweigen ausbreitet, zu mildern, wenn auch durch ein einfaches Geplapper.

{ Smalltalk ist lediglich der Auftakt! }

Vieles auf dieser Welt wäre leichter, würden die Menschen mehr miteinander reden. Smalltalk ist noch nicht das notwendige Miteinander-Kommunizieren. Er schafft jedoch die Basis dafür, um intensivere und inhaltsreichere Gespräche führen zu können – er ist sozusagen die Aufwärmphase.

Smalltalk bereitet den Boden vor, auf dem Sie säen möchten, und das nicht nur bei Fremden, sondern ganz besonders bei Menschen, die Ihnen eigentlich bekannt und vertraut sind.

Es ist ein erstes Abtasten über die Grundstimmung des anderen an diesem Tag, seine Bereitschaft zuzuhören, seine Bereitschaft aufzunehmen. Viele Missverständnisse wären vermeidbar, würde man vorher das Terrain sondieren, und nicht mit der Tür ins Haus fallen.

Zum besseren Verständnis hier zwei Beispiele aus der Praxis:

In einem Großhandelsunternehmen mit technischen Artikeln rief der Verkaufsleiter zur besseren Koordination des Verkaufs vierteljährliche Meetings mit seinen Gebietsleitern ein, um die wichtigsten anfallenden Problempunkte auch gemeinsam zu erörtern und gegebenenfalls Anpassungen und Änderungen zu beschließen. Der Verkaufsleiter beklagte jedoch stets die geringe Bereitschaft seiner Gebietsleiter, zum Gelingen des Meetings selbst etwas beizutragen. Es gab kaum Anregungen von Seiten der Belegschaft und so verkam dieses Meeting zu einer einseitigen Befehlsausgabe von seiner Seite. Der Verkaufsleiter war besonders frustriert, da er einen Großteil seiner Gebietsleiter zu diesem Meeting von weit her anreisen lassen musste, da sie im gesamteuropäischen Raum arbeiteten und die Gebietsleiter nur bei diesem Treffen persönlich miteinander sprechen konnten.

Die Geschäftsleitung wandte sich schließlich an uns, die Unternehmensberater, mit der Bitte um Hilfe. Wir schlugen eine kleine organisatorische Änderung vor.

Das Treffen begann nunmehr mit einer etwa halbstündigen Stehparty bei Kaffee und Kuchen. Der Verkaufsleiter war angehalten, keine späteren Themen vorwegzunehmen, sondern im zwanglosen Rundgang von einem zum anderen die Kollegen zu begrüßen und sich nach dem persönlichen Befinden zu erkundigen und Gespräche und Kontakte untereinander zu ermutigen und anzuknüpfen.

Es wirkte. Die Qualität des Treffens verbesserte sich erheblich.

Der zwanglose Smalltalk zu Beginn schaffte eine positive Gesprächsatmosphäre und gab dem Einzelnen die Möglichkeit, sich über die Stimmung und Meinung seiner Kollegen zu orientieren, um seine eigene Meinung schließlich im Kreis der anderen auch zu vertreten. Der starke Konkurrenzdruck, der im Unternehmen herrschte, hatte bis dahin den Großteil aus Vorsicht schweigen lassen. Da man sich jedes Vierteljahr nur einmal sah, hatten sich keine Vertrautheit und kaum informelle Kontakte entwickeln können. Angeregt durch die halbe Stunde Smalltalk breitete sich nun das Gefühl eines Miteinanders aus.

Doch auch im Umgang mit vertrauten Menschen ist in vielen Fällen so eine Aufwärmphase wichtig, vor allem dann, wenn es um etwas nicht Alltägliches geht.

Endlich hatte Horst es geschafft, in der Firma durchzudrücken, dass man ihm vier Wochen Urlaub in einem Stück gewährt. Nun würde die lang ersehnte Afrikareise, von der er mit Heidi bereits in allen Details geträumt hatte, möglich werden.

Voll Begeisterung überfällt er sie gleich mit der guten Nachricht. Heidi fühlt sich nicht wohl an diesem Tag. Ihre Glieder schmerzen und dabei war heute so viel los gewesen, dass sie es seit der Früh nicht geschafft hatte, sich ein bisschen hinzulegen. Ausruhen, Schlafen ist zum Kernpunkt ihres Denkens geworden. Von der traumhaften Afrikareise sieht sie plötzlich nur die vielen Impfungen, die als Vorbereitung nötig werden, und bringt lediglich ein fast ablehnendes „Ach Gott, ja, ich dachte wir hätten im Lotto gewonnen, weil du so strahlst!“ heraus.

Horst fühlt sich zurückgestoßen und ist verletzt.

Ein bisschen einleitender Smalltalk hätte gezeigt, wie demotiviert und gestresst die Partnerin ist und dass es ganz einfach der falsche Zeitpunkt war, sie mit dieser positiven Nachricht zu konfrontieren und dazu von ihr Begeisterung zu erwarten.

Smalltalk im persönlichen Bereich bedeutet das zwanglose Plaudern über die Gestimmtheit, über Wünsche und Ängste. Es wird allgemein zu viel nach Fakten gefragt, es werden zu viele Handlungsabläufe geschildert.

Was gab’s heute im Büro?

Was habt ihr heute in der Schule gemacht?

Ein freundlicher Versuch, Anteilnahme zu zeigen – aber Hand aufs Herz: Wenn Ihr Partner oder Ihre Kinder jetzt ansetzen, zu erzählen, was alles abgelaufen ist, Einzelheiten schildern und über Menschen sprechen, die Sie kaum kennen – schalten Sie dann nicht ganz einfach ab und nicken pflichtbewusst? Details von Situationen und Vorfällen, an denen wir keinen Anteil haben, können uns nicht interessieren.

Wichtig an der Schilderung einer Situation ist jedoch, wie wir uns dabei gefühlt haben. Fragen Sie also danach, wie die Situation erlebt wurde.

„Wie war dein Büroalltag – wie fühlst du dich?“

„Wie kommst du mit der neuen Lehrerin zurecht? Geht sie nett mit euch um?“

Wenn man Smalltalk von dieser Seite her betrachtet, erfüllt er eine wesentliche Funktion. Das Gespräch gibt uns Gelegenheit, uns unserer Gefühle und Empfindungen bewusst zu werden, sie zu ordnen und zu verarbeiten.

Über die Empfindungen zu sprechen, schafft Nähe. Es gibt dem Gesprächspartner die Möglichkeit, an diesem Empfinden teilzuhaben. An einem Geschehen, an dem der Partner nicht beteiligt war, kann er nicht teilhaben.

Die Umsetzung des Gedankens

Üben Sie Smalltalk – die Kunst der leichten Konversation! Wenn nötig, lösen Sie sich von Ihrer Aversion gegen „oberflächliche Konversation" allgemein. Versuchen Sie zu verstehen, dass Sie damit Nähe zu Ihrer Umgebung schaffen, wenn es Ihnen gelingt, auch durch „lockere" Gespräche ein wenig Gefühl und Anteilnahme zu Ihren Gesprächspartnern zu transportieren.

Es gibt so vieles, was sich als Gesprächsthema eignet und worüber die meisten Menschen gerne reden (und Sie auch, wenn Sie ehrlich zu sich selbst sind): Wohnort, Land, Gegend, Kinder, Haustiere, Tiere allgemein, Beruf, Tätigkeit, Hobbys, Freizeitbeschäftigung, Sport, Urlaub, Reisen …

Wenn Sie genau hinhören, werden Sie auch versteckte Themenangebote erhalten: Eine Kundin erwähnt so beiläufig ihr Haustier („Ich habe einen Hund, da kann man sich teure Strümpfe nicht leisten."), ein Kunde hat seine teure Brille beim Golfspielen ruiniert und braucht jetzt schnell einen Ersatz.

Doch sprechen Sie dabei vor allem die emotionelle Seite an: Veranstalten Sie kein Kreuzverhör und fragen Sie persönliche Fakten nicht mechanisch ab. Holen Sie die Meinungen Ihrer Umgebung ein, veranlassen Sie Menschen, über das zu sprechen, was sie denken, was sie empfinden, was sie meinen, was sie gerne tun und gerne haben.

„Es geht schon manchmal etwas kaputt, aber ein Hund macht doch auch sehr viel Freude …"

„Ist es schwierig, Golf spielen zu lernen?"

Sprechen auch Sie über Ihre Einstellungen, Empfindungen, Gefühle und Wünsche. Sie geben damit Ihrer Umgebung die Chance, Ihnen näher zu kommen und Sie besser zu verstehen. Und Sie selbst erhalten dabei die Gelegenheit, Ihre Gefühlswelt aufzuarbeiten und zu ordnen.

27 Die Kunst, Komplimente zu machen

EIN GEGLÜCKTES KOMPLIMENT
IST DIE CHARMANTE VERGRÖSSERUNG
EINER KLEINEN WAHRHEIT.
*JOHANNES HEESTERS (*1903),*
ÖSTERREICHISCHER SCHAUSPIELER UND SÄNGER HOLLÄNDISCHER HERKUNFT

Jeder Mensch hat etwas Positives an sich, über das man ihm ein Kompliment machen kann: eine kleine Wahrheit, die man charmant hervorheben und vergrößern kann.

Ein echtes Kompliment ist daher auch kein Gemeinplatz, der für alle passen könnte. Man muss schon genau hinschauen, hinhören und hinfühlen, um ein geglücktes Kompliment machen zu können. Nur Mut! Die kleinste individuelle Freundlichkeit wird zum überwältigenden Kompliment, wenn man daraus echtes Interesse spürt.

Warum hören wir Komplimente so gerne?

Wir alle laufen durch die Welt mit einem unsichtbaren Schild: „Ich will einzigartig, ich will wichtig sein."

Wahrscheinlich haben Sie in dem einen oder anderen Betrieb auch schon einen Zettel mit der folgenden Feststellung gesehen: „Jeder denkt nur an sich, ich bin der Einzige, der an mich denkt." Eine scherzhafte Formulierung, hinter der viel Problematik steckt.

Jeder von uns ist süchtig nach Anerkennung und danach, wichtig genommen zu werden. Wir denken eben viel zu viel an unser eigenes Defizit und zu wenig daran, dass es an uns ist, das Defizit der anderen zu mindern.

Um dieses Defizit zu verringern, ist es notwendig, die Anerkennung auch auszusprechen – nicht nur zu fühlen. Haben Sie sich nicht auch schon bei der Verteidigung ertappt: „Du weißt ja ohnehin, dass ich dich schätze und anerkenne, wie wichtig du mir bist!"?

Das reicht nicht – es tut so gut, es auch zu hören.

Wie selten sprechen Väter ihren Kindern gegenüber die Anerkennung aus, die jedes Kind sein Leben lang braucht – auch wenn es längst erwachsen ist und vielleicht selbst Kinder hat: „Ich bin stolz auf dich! Ich habe meine Freude an dir, weil ich sehe, was für ein wertvoller, tüchtiger Mensch du bist!“ Dieselben Väter lassen im Freundeskreis nichts über ihre Sprösslinge kommen und irritieren mit ihren Lobeshymnen andere, die nur darauf warten, über die eigenen Kinder zu schwärmen. Und zu Hause bleiben sie stumm?

Aber auch Eltern warten oft vergebens auf die Komplimente ihrer Kinder: „Kommt nur mit, ich zeige meine großartigen Eltern gerne her! Ich weiß, wie viel Verständnis ihr mir entgegenbringt und was ich an euch habe.“

Sprechen wir das scheinbar Selbstverständliche doch auch ganz selbstverständlich aus. Beim Empfänger kommt es meist als nicht selbstverständliche Besonderheit an.

Doch nicht nur Ihre Familie, Ihre Freunde, sondern auch Ihre Kunden wollen wichtig genommen werden. Ihr Kunde will von Ihnen bewundert werden, für seinen guten Geschmack, für die Tatsache, dass er sich etwas Besonderes leisten kann, für seine hübschen Kinder, für seine attraktive Gattin, für die Dinge, die er Ihnen stolz mitteilt.

Diese Bewunderung soll nicht dick aufgetragen werden – schon ein kleiner Hinweis darauf, dass Sie bemerkt haben, worauf er stolz sein kann, schafft eine freundliche Atmosphäre zwischen Ihnen und Ihrem Gesprächspartner.

Jetzt hat Ihnen Ihr Kunde schon ausführlich über seinen letzten Urlaub in Schruns erzählt, da fällt Ihnen die Bemerkung „Sie sind sicher ein ausgezeichneter Schifahrer!“ doch leicht und ihm tut sie gut.

Ein Mann, der seine hübsche Frau gerade zum Kleiderkauf begleitet, wird über den hohen Preis eher hinwegsehen, wenn Sie ihm die finanzielle Ausgabe mit der scherzhaften Bemerkung „Sie werden auf Ihre attraktive Frau besonders aufpassen müssen“ versüßen.

Ihr Kunde will mit seinen Wünschen ernst genommen werden. Schließlich ist er bereit, unter den vielen um seine Gunst buhlenden Anbietern Sie auszuwählen. Selbstverständlich weiß er, dass Ihnen jeder Kunde wichtig sein muss, weil Sie ja von Ihren Kunden leben. Das gibt ihm als Individuum jedoch noch keine Wichtigkeit – und die ist es doch, die er braucht.

Kleine freundliche Hinweise auf Ihr Interesse an ihm als Person reichen schon:

„Gerne suche ich für Sie …"

„Ihre Zufriedenheit ist uns wichtig, daher …"

„Selbstverständlich habe ich an Ihre Wünsche gedacht …"

„Um Sie besser beraten zu können, habe ich noch einige wichtige Fragen …"

Es ist bereits ein Kompliment, dem Gesprächspartner wachsam zuzuhören (damit beschäftigen wir uns noch ausführlich beim Gedanken: „Meisterschaft des Zuhörens") und durch Rückfragen Aufmerksamkeit zu signalisieren. In die meisten Fragen lassen sich kleine Nettigkeiten einbinden, die Ihrem Gesprächspartner beweisen, dass es ihm gelungen ist, ein gutes Bild von sich zu geben:

„Sie als sportlicher Typ …"

„… für Ihr schönes kräftiges (glänzendes, beneidenswert gesundes, strahlendes …) Haar …"

„… bei Ihrer ausgezeichneten Figur …"

Die Umsetzung des Gedankens

Gehören Sie auch zu den Menschen, die viel zu selten Komplimente machen?

Stellen Sie doch einfach einmal eine Liste von Menschen zusammen, die Ihnen wichtig sind, und dann denken Sie darüber nach, worüber Sie diesen Menschen ein Kompliment machen könnten: Welche kleine liebenswerte Wahrheit können Sie charmant vergrößern?

Bitte bedenken Sie: Komplimente für das, was mir besonders wichtig ist, sind für mich am wertvollsten.

Bleiben Sie daher nicht bei Äußerlichkeiten stecken, die ein Geschenk der Natur sind, welche der Empfänger oder die Empfängerin Ihres Kompliments nicht als persönliches Verdienst ansieht. Jeder Mensch hat seine wunden Punkte, die nichts mit objektiven Makeln zu tun haben, sondern mit festgefahrenen Vorstellungen, die z.B. aus erlittenen Kränkungen herrühren. Beim genauen Hinsehen können Sie Hinweise darauf finden: Wenn elfengleiche Wesen ihre Zerbrechlichkeit noch ganz besonders hervorheben, wenn an sich schon stattliche Erscheinungen alles tun, um ihre Größe zu betonen, kurz: Was wird hervorgekehrt und besonders unterstrichen? Sagen Sie, dass Sie bemerkt haben, was so offensichtlich auffallen soll, und ein dankbar aufgenommenes Kompliment ist fertig. Was ein Kompliment ist, entscheidet eben das Selbstkonzept des Empfängers.

Treffende Komplimente bessern nicht nur die Laune, sie bleiben auch oft monatelang im Gedächtnis. Sie sind die Nahrung, mit der wir unser Selbstwertgefühl aufbauen.

Nehmen Sie Ihre Liste so oft wie möglich zur Hand, damit Sie auch gerüstet sind, wenn Sie den Menschen begegnen, denen Sie durch ein Kompliment beweisen wollen, dass sie Ihnen wichtig sind.

Nützen Sie Leerzeiten – z.B. in Warteschlangen –, um in Ihrer Umgebung so viele Einzelheiten wie möglich zu entdecken, die Sie lobenswert finden: ein lustiges Plakat, ein freundliches Lächeln, eine liebevolle Geste eines Menschen. Das verbessert Ihren Blick für das selbstverständlich Gute um Sie und fördert die Fähigkeit, an anderen – und auch an Ihnen selbst – das Anerkennenswerte zu sehen.

Sie werden nicht nur gewinnende Komplimente machen lernen – es hat auch einen wunderbaren Nebeneffekt: Es wird Ihre Laune nachhaltig verbessern.

....

....

....

....

....

28 Das Talent, sich sympathisch zu machen

Es ist ein grosser Fehler,
das Komplimente machen aufzugeben.
Wenn der Mensch nichts Charmantes mehr sagt,
hat er auch keine charmanten Gedanken mehr.
Oscar Wilde (1854 – 1900),
irischer Lyriker und Dramatiker

„Man findet dich sehr sympathisch!"

Geht Ihnen bei dieser Mitteilung nicht auch das Herz auf – selbst wenn Sie ein noch so nüchterner Mensch sind?

Tatsache bleibt: Wir sind von Natur aus als soziale Wesen angelegt und daher ist es die Basis für unsere psychische Gesundheit, sozial anerkannt zu werden – ja, mehr noch: wichtig zu sein und gemocht zu werden.

Sympathisch zu sein ist zwar noch kein Garant für Erfolg, aber der einfachste Weg, um Zugang zu jenen Menschen zu bekommen, bei denen wir etwas erreichen wollen.

Wenn es Ihnen gelingt, eine sympathische Ausstrahlung zu erzeugen, entsteht fast automatisch ein guter Kontakt zum Gesprächspartner.

Was macht uns sympathisch?

Zum einen die positive Grundeinstellung zum Leben, die generelle Akzeptanz und der Respekt vor allem, was zum Leben gehört. Damit ist nicht die naive rosarote Brille gemeint, sondern eine grundlegende Lebensbejahung, eine generelle Offenheit für alles Schöne und Wertvolle.

Es ist die Bereitschaft, die heiteren Seiten zu sehen und sich daran zu erfreuen, ohne seinen Blick vor den dunklen Punkten zu verschließen. Es ist positives Interesse an der Umwelt, Neugier an der Vielfalt der Welt und dem Reichtum unseres Lebens.

Dem entgegen steht die ständige Suche nach Kritikpunkten, das Interesse, das darauf ausgerichtet ist, Gelegenheiten aufzuspüren, die eigene Überlegenheit durch kritische Abwertung der Umwelt zu bestätigen.

Kurz: Wenn man sympathisch sein will, muss man andere sympathisch finden, muss man sich für andere interessieren.

Sagen Sie nicht: „Man hat eine sympathische Ausstrahlung oder man hat sie nicht!“ Es ist viel weniger eine Gabe, die uns in die Wiege gelegt wurde, als vielmehr das Ergebnis unserer Sozialisierung*. Sie entwickelt sich durch die Erziehung und die Vorbilder, die uns geprägt haben.

Wenn Sie nicht die besten Voraussetzungen gehabt haben, die Vorbilder Ihnen keinen Bonus fürs Leben mitgegeben haben, dann ist das dennoch kein „Schicksal“, mit dem Sie sich abfinden dürfen. Nehmen Sie es in die Hand – entwickeln Sie Ihre sympathische Aura!

- Nehmen Sie Anteil an anderen und zeigen Sie dieses Interesse. Ihr Kunde muss es empfinden können, dass Sie ihn als Person wahrnehmen und gerne für seine Wünsche da sind. Ihre Freunde müssen Ihre Aufmerksamkeit spüren. Gedanken teilen sich den anderen schwer mit – leben Sie Ihr Interesse für andere durch Taten und Worte.
- Gehen Sie offen auf Ihre Umwelt zu. Entwickeln sie einen positiven Lebenshunger, eine erfrischende Neugier auf die Fülle dieser Welt. Sie werden mehr vom Leben haben und die Sympathie Ihrer Umwelt wird Ihnen zufliegen.

Ninon de Lenclos war eine der berühmtesten Kurtisanen ihrer Zeit. Zu ihren Verehrern gehörten die einflussreichsten Männer im Frankreich des 17. Jahrhunderts. Eines Tages, so erzählt man, kam ein bleiches Mauerblümchen zu ihr und bat Ninon, sie doch in das Geheimnis ihrer Wirkung auf das männliche Geschlecht einzuweihen. Ninons Definition ihres Erfolges wird ihr zu denken gegeben haben. „Mein liebes Kind“, soll Ninon geantwortet haben, „ich wirke doch gar nicht – die Männer, die wirken auf mich!“

Die Anekdote berichtet nicht mehr, ob das Mauerblümchen verstanden und in Zukunft mehr Erfolg hatte.

Sie aber haben sicher nachvollzogen, was Ninon damit ausdrücken wollte. Sie war lebendig und entflammbar, das schmeichelte den Männern und machte sie interessant und liebenswert. Sie war nicht einfach „für Geld zu haben“ wie viele andere, wahrscheinlich ebenso schöne Kurtisanen ihrer Zeit, sondern sie interessierte sich wirklich für ihre Gönner und schmeichelte damit deren Männlichkeit.

Die Umsetzung des Gedankens

Wem möchten Sie gerne sympathisch sein?

Legen Sie es bewusst darauf an, sich diesem Menschen liebenswert zu zeigen. Überlegen Sie sich Strategien, Ihr Interesse zu signalisieren.

Wir scheuen in der Regel davor zurück, jemandem zu zeigen, dass uns seine gute Meinung wichtig ist, solange wir uns nicht der Erwiderung der entsprechenden Gefühle sicher sind. Wir betreiben damit Wertschätzung – ja sogar Liebe – als Tauschgeschäft.

Ein Gefühl von Scham und Unsicherheit hindert uns daran, auf andere zuzugehen und unsere Gefühle zu bekennen. Wir glauben immer, uns damit etwas zu vergeben, und schrecken davor zurück.

Warum muss das so sein?

Wenn Sie Ihre Wertschätzung und Ihre Gefühle für andere nicht als Tauschgeschäft missverstehen und deren Erwiderung voraussetzen, können Sie diese als wertvolle Geschenke anbieten, die für den Beschenkten keine Verpflichtung darstellen.

Wie der Beschenkte damit umgeht, ist Ausdruck seiner Persönlichkeit, berührt jedoch den Wert Ihres Geschenkes nicht.

Es ist Ihr Verlust, wenn Sie aus Angst vor Zurückweisung nicht auf Menschen zugehen, die Sie interessieren, deren Wertschätzung Sie suchen. Vielleicht zögert der andere nur vor dem ersten Schritt.

29 Der süßeste Klang der Welt – der eigene Name

Das Schmeichelhafteste an Schmeicheleien ist, ihrer für würdig befunden zu werden.
George Bernard Shaw (1856 – 1950), anglo-irischer Dramatiker, Nobelpreis für Literatur 1925

Das Schmeichelhafteste ist es, dem anderen die Mühe wert zu sein, dass er unseren Namen im Gedächtnis behält.

Auch wenn man als Verkaufstrainer dieses ständig lehrt und weiß, dass es oft nur Marketingtaktik ist –, man kann sich dem Charme, mit Namen angesprochen zu werden, nicht entziehen.

Unser Name ist ein Kürzel für unsere Identität, für all das, was wir darstellen. Deshalb betrachten wir ihn auch als Teil unseres Selbst. Wir verteidigen unseren Namen mit aller Kraft. Wir sind unangenehm berührt, wenn unser Name falsch geschrieben oder falsch ausgesprochen wird, und fühlen uns herabgesetzt, wenn sich jemand trotz mehrfacher Vorstellung unseren Namen noch immer nicht gemerkt hat.

Ein Mensch, dessen Namen wir kennen, erscheint uns weniger fremd, auch wenn wir noch gar nichts sonst über seine Persönlichkeit wissen. Wenn wir den Namen eines Gesprächspartners kennen und ihn auch damit ansprechen, schlagen wir eine Brücke zu ihm. Wir geben das Gefühl, ihm ein klein wenig nahe, mit ihm ein klein wenig vertraut zu sein.

Wenn Sie in einem Gespräch eine vertrauensvolle Atmosphäre aufbauen wollen, dann ist die erste Grundvoraussetzung dafür, einander zu kennen. Geben Sie Ihren Kunden die Möglichkeit, Ihren Namen zu wissen. Stellen Sie sich vor, verteilen Sie Visitenkarten oder tragen Sie ein Namensschild, je nachdem, wie es zur Situation passt.

Suchen Sie jede Möglichkeit, den Namen des Kunden zu erfahren, ihn sich zu merken und Ihren Kunden damit anzusprechen. Achten Sie dabei darauf, dass Sie den Namen korrekt aussprechen, und scheuen Sie sich nicht, im Zweifel danach zu fragen. Bei komplizierten Namen wird Ihr Kunde Sie mit Begeisterung darüber aufklären, woher er seinen ungewöhnlichen

Namen ableitet, und Ihnen damit gleich auch weitere wertvolle Hinweise über seine Persönlichkeit vermitteln.

Besonders dann, wenn Ihr Kunde es gar nicht erwartet, wird die Überraschung, seinen Namen aus Ihrem Munde zu hören, einen nachhaltig positiven Eindruck hinterlassen.

Selbst mich konnte ein Bankangestellter noch unvergesslich beeindrucken: Ich hob in einer Filiale, in der ich vorher noch nie gewesen war, einen Scheck ab und wurde von ihm mit den Worten verabschiedet: „Und ich wünsche Ihnen noch einen wunderschönen Nachmittag in unserer Stadt, Herr Warmuth!“ Ich war einfach – positiv – verblüfft, meinen Namen zu hören. Kein Mirakel – am Scheckformular stand natürlich mein Name und von der Kontonummer her konnte er erkennen, dass ich anderswo zu Hause bin. Er hatte offenbar beides bewusst wahrgenommen und seinen Spaß dabei, mir dieses zu zeigen. Vielleicht war es für ihn ein unterhaltsames Spiel, um seinen Dienst am Kassenschalter abwechslungsreicher zu gestalten. Taktik? Spiel? Was immer! Es macht keinen Unterschied dafür, dass er auch mir damit eine Auflockerung meines Tages beschert hat.

Auch im privaten Umfeld sprechen wir die Menschen viel zu selten mit ihrem Namen an. Wer fügt einem meist schon recht flüchtigen Gruß noch den Namen des Gegrüßten an? Wie schön und persönlich ist es, mit „Hallo Maria, einen schönen Abend wünsche ich!“ angesprochen zu werden. Das ist eben mehr als Routine, das kommt im Herzen an.

Wenn Sie sich mit „Auf Wiedersehen, Frau Baumann“ von Ihrer Nachbarin verabschieden, knüpfen Sie damit ein persönliches Band bis zum nächsten Wiedersehen.

Gönnen Sie also auch Ihren Freunden, Ihrer Familie öfter das Vergnügen, den süßesten Klang der Welt, den eigenen Namen zu hören.

Die Umsetzung des Gedankens

Sie haben ein schlechtes Namensgedächtnis? Dann fangen Sie gleich an zu üben, indem Sie alle Ihre Kunden, deren Namen Sie kennen, konsequent in jedem Verkaufsgespräch ca. drei Mal mit ihrem Namen ansprechen. Sie werden feststellen, dass Ihr Empfinden für Namen sich dadurch verbessern wird, und Sie werden immer mehr Kunden mit Namen kennen.

Konkrete Trainingsschritte auf dem Weg zu einem besseren Namensgedächtnis sind:

Schritt 1: *Haben Sie den Namen richtig verstanden? Viele Menschen sprechen ihren Namen undeutlich aus. Fragen Sie zurück und wiederholen Sie den Namen im Gespräch mehrmals. So gewöhnen Sie sich an den Klang dieses Wortes.*

Schritt 2: *An was erinnert Sie der Name? Viele Namen haben konkrete Bedeutungen, machen Sie sich darüber ein Bild. Damit schaffen Sie sich mit Hilfe Ihrer Phantasie eine zusätzliche Gedächtnisbrücke. Wenn der Name kein Bild beinhaltet, dann erfinden Sie eines – je ungewöhnlicher, umso leichter prägt sich das Bild ein, weil es aus dem Alltagsrahmen fällt. Wenn Sie bei Herrn Asböck an einen Gamsbock denken, bei dem zwischen den Hörnern ein Trumpf-Ass sichtbar wird, bildet dieses nicht alltägliche Bild einen zusätzlichen Anker in Ihrem Gedächtnis.*

Schritt 3: *Wiederholen, wiederholen – sprechen Sie den Namen immer wieder aus (Achtung auf die Dosis – zwei Mal im Gespräch und auf alle Fälle einmal am Schluss des Gesprächs ist ausreichend, ständige Wiederholungen können nerven!). Doch auch wenn Sie mit Kollegen über Kunden sprechen, nennen Sie diese jedes Mal korrekt beim Namen und belassen Sie es nicht einfach stillschweigend dabei, dass ja ohnehin alle Beteiligten wissen, von wem die Rede ist.*

Schritt 4: *Was nutzt es, sich Namen zu merken, wenn man sie nicht den entsprechenden Gesichtern zuordnen kann? Schauen Sie sich die Gesichter der Menschen, mit denen Sie zu tun haben, einmal genauer und aufmerksamer an. Sie werden feststellen, wie viele charakteristische Merkmale jedes Gesicht aufweist. Lernen Sie zu „sehen" und interessieren Sie sich für die Menschen, denen Sie begegnen. Lassen Sie Empfindungen zu (Herr Sandner riecht gut, Sie können ihn mit dem angenehmen Duft eines Sandstrandes in Verbindung bringen) und es werden sich ganz automatisch Brücken bilden zwischen dem Gesicht eines Menschen und seinem Namen.*

30 Wer recht erkennen will …

Es ist doch seltsam, dass wir gerade über die Dinge, die uns am meisten beschäftigen, am wenigsten reden.
Charles A. Lindbergh (1902 – 1974), US-amerikanischer Flieger

Wer recht erkennen will, muss zuvor in richtiger Weise gezweifelt haben, mahnt schon Aristoteles vor vorschnellen Urteilen.

Dennoch gibt es immer wieder Verkäufer, die verhalten sich, als müssten sie ihr Produkt einem beliebig vorbeieilenden Publikum anpreisen und dessen Aufmerksamkeit erringen. Das ist zweifelsohne die Aufgabe von Propagandisten in einer Kaufhauspassage, mit Verkauf in unserem Sinne hat es jedoch nichts zu tun.

Erinnern Sie sich noch an unsere Definition?

„Verkaufen ist die *Fähigkeit*, anderen Menschen zu *helfen*, den *Nutzen* Ihres *Angebotes* für sich selbst zu erkennen."

Die Produktpräsentation selbst kann dabei nur ein ganz kleiner und einer der letzten Schritte sein, nämlich die Präsentation jenes Produktes, das den Bedürfnissen des Kunden entgegenkommt und sie am besten erfüllt. Dennoch fangen viele Verkäufer wahllos damit an, ihre Produkte und Angebote anzupreisen. Sie hamstern sich damit Ablehnung und wachsende Frustration beim Kunden ein – und die zunehmende Überzeugung, hier doch nicht das Gewünschte zu finden.

Anstatt die richtigen Fragen zu stellen, um richtig erkennen zu können!

{ Der Kunde weiß oft nicht, was er will! }

Das mag in vielen Fällen stimmen. Einkaufen gehen ist heute selten ein zielgerichteter Akt, um ein Bedürfnis zu decken, sondern Volkssport Nr. 1: ein bisschen schauen, sich inspirieren lassen, ist häufig das vordergründige Motiv.

Der Kunde, der Ihr Reisebüro betritt, weiß zumeist eines sicher: Er will Urlaub machen, heraus aus den eigenen vier Wänden kommen. Mehr ist auch gar nicht notwendig – der Rest ist die Herausforderung an Sie!

Im Dialog mit Ihnen klärt der Kunde seine Gedanken und Wünsche. Geht es Ihnen nicht auch oft so, dass Sie Ihre Gedanken erst in der Diskussion mit anderen ordnen können? Brauchen nicht auch Sie oft das Gespräch, um Struktur und Übersichtlichkeit in diffuse Vorstellungen und Überlegungen zu bekommen? Wie oft löste sich ein Problem in Ihrem Denken, während Sie es einem anderen genau zu schildern trachteten?

Ihre Aufgabe ist es nun, diesen Dialog in Gang zu bringen, zielgerichtete Fragen zu platzieren, um das Mitteilungsbedürfnis und die Fantasie Ihres Gesprächspartners zu wecken. Schränken Sie dabei die Antwortmöglichkeiten nicht von vornherein ein:

Nicht: „Haben Sie lieber süß oder sauer?"

Nicht: „Haben Sie an eine bestimmte Geschmacksrichtung gedacht?"

Sondern: „Welche Geschmacksrichtung bevorzugen Sie?"

Im ersten Fall geben Sie die Alternativen vor, im zweiten Fall ermöglichen Sie ein einfaches „Nein", was Sie auch nicht weiterbringt. In der dritten offenen Fragestellung regen Sie den Gesprächspartner an, seinen Gaumen zu befragen. Erst wenn Sie merken, dass er keine klare Wunschvorstellung hat, können Sie ihm weitere Hilfestellung anbieten, indem Sie die unterschiedlichen Richtungen Ihres Konfektangebotes darstellen: süß, zartbitter, bitter, honigsüß, mit Trüffelgeschmack, Nussgeschmack, Fruchtgeschmack, Milchgeschmack. Sie sehen, selbst ein so einfaches Produkt wie Konfekt bietet die Möglichkeit, dem Kunden im Verkaufsgespräch eine echte Hilfe zu sein. Wenn Sie ihn ungeduldig fragen: „Was hätten Sie denn gerne?", nennt er das nächstbeste ihm bekannte Konfekt, das Sie vielleicht gar nicht führen. Doch auch wenn Sie es ihm geben können, versäumt er damit die Gelegenheit, von der Fülle Ihres Angebots zu profitieren und vielleicht ein neues Lieblingsbonbon zu entdecken.

{ Gründliche Bedarfsermittlung ist ein Akt der Menschlichkeit }

Mit der genauen Klärung, was der Kunde eigentlich braucht, fängt eine ernsthafte Beratung überhaupt erst an.

„Ich verkaufe jedem Kunden, was *ich* will", brüsten sich immer wieder so genannte „Starverkäufer". Der Verkäufer, der sich nicht darum schert, was der Kunde eigentlich sucht, sondern dem Kunden bereits nach den ersten vagen Andeutungen ein x-beliebiges Produkt wortreich aufschwatzt, schadet dem Kunden und dem eigenen Unternehmen. Das ist unseriöser Verkauf! Und „Starverkäufer" dieser Sorte halten sich selten lange in einem Unternehmen – lassen jedoch für den bemitleidenswerten Arbeitgeber zerstörte Kundenbeziehungen zurück.

Sie als Autoverkäufer werden nun fragen, wozu Sie Bedarfsermittlung machen sollen, wenn es ohnehin den Familienbus im Kleinformat nicht gibt – sprich, Sie nicht alle Bedürfnisse abdecken können.

Lassen Sie mich anhand eines Beispiels demonstrieren, warum auch ein Autoverkäufer, der langfristig erfolgreich sein will, nicht an einer Bedarfsermittlung vorbeigehen darf: Als ich vor Jahren ein Auto kaufte, gelang es einem Starverkäufer in seinen Augen erfolgreich zu sein und mir ein Lagerprodukt zu verkaufen. Seither habe ich einige Autos gekauft – aber keines mehr bei ihm oder seiner Marke. Was war geschehen: Im Entscheidungsdilemma zwischen einem sofort lieferbaren Modell in einer Sonderausstattung ohne Klimaanlage und einem Modell mit Klimaanlage, auf das ich einen Monat hätte warten müssen, war es dem sehr eloquenten Verkäufer gelungen, mir das Lagermodell aufzuschwatzen. Durch eine verantwortungsvolle Bedarfsermittlung hätte er erkannt, wie falsch die Entscheidung in meinem Beruf und bei meinen vielen Kilometern auf Achse war.

Auch wenn das Angebot wenig Differenzierung bietet, ist es die Verantwortung des Verkäufers, dem Kunden zum besten Kompromiss zu verhelfen.

Kunden sind nicht verwöhnt. Selten begegnen sie jemand, der an ihren Wünschen, an den echten Hintergründen ihres Bedürfnisses interessiert ist. So mag der eine oder andere Kunde vorerst etwas befremdet auf Ihre Fragen reagieren. Daher ist es hilfreich, den Kunden darauf vorzubereiten: „Um Sie richtig beraten zu können, darf ich Ihnen bitte einige *wichtige* Fragen stellen." Damit besteht gar nicht die Gefahr, dass Ihr Gesprächspartner Ihre Fragen als aufdringliche Neugier empfindet. Er wird sie auch viel offener und richtiger beantworten.

Für Sie bietet sich eine Möglichkeit, ein Kompliment auszusprechen: Wenn Sie „wichtige Fragen" stellen, nehmen Sie Ihren Gesprächspartner wichtig und sprechen ihm damit indirekt eines der wesentlichsten Komplimente aus. Mehr als vieles andere wollen wir wichtig genommen werden.

Führen Sie Ihren Kunden auf die grundlegenden Fragen zurück und betrachten Sie den vordergründig geäußerten Wunsch in größerem Umfeld:

Die gewünschte Bluse muss zur Garderobe Ihrer Kundin passen, andernfalls wird sie diese nie tragen und mit dem Kauf das negative Erlebnis verbinden, etwas Überflüssiges erstanden zu haben.

Gartenmöbel müssen nicht nur dem Bedürfnis nach Bequemlichkeit und Repräsentation genügen, sondern auch je nach Mentalität des Kunden mehr oder weniger strapazierfähig sein. Dementsprechend gilt es zu klären, ob er erwartet, die Möbel allen Witterungen ungeschützt aussetzen zu können oder ob er sie seinem Wesen entsprechend ständig hegen und pflegen wird.

Leider laufen die meisten Gespräche so ab, dass ohne Klärung der Grundlagen gleich auf ein vermeintliches Ziel hin argumentiert wird: Ich war auf der Suche nach einem Bodenbelag für das Mädchenzimmer meiner Tochter. Die Verkäuferin war sehr bemüht, stellte technische Fragen nach dem vorhandenen Boden, Größe und auch Helligkeit des Zimmers. Dann machte sie mir einige günstige Angebote, doch es war nichts dabei, was mir gefiel.

Als sie sich bereits etwas ratlos umsah und wir dabei an anderen Rollenpaternostern vorbeigingen, fiel mein Blick auf einige reizende Muster. „Das ist das, was ich suche!“ Die Verkäuferin sah mich bedauernd an und meinte: „Ja, aber diese Beläge sind um einiges teurer!“

Wir haben uns schließlich darüber verständigt, dass die Verkäuferin ihrer Erfahrung erlegen ist, dass viele Eltern für die Kinderzimmer billige Beläge suchen (wohl in Erwartung, dass ihre Sprösslinge wenig schonend damit umgehen werden) und sie ganz selbstverständlich dieses auch bei mir vorausgesetzt hatte.

Da sich die Verkäuferin auf technische Fragen konzentrierte, gab sie mir nicht die Möglichkeit zur Selbstdarstellung. Damit ist das menschliche Bedürfnis gemeint, seinen Selbstwert zu bekräftigen, indem man über Menschen und Dinge spricht, die einem wichtig sind. (Mehr dazu beim Gedanken „Die Meisterschaft des Zuhörens“.) Eine Frage nach meiner Tochter, und ich hätte mit Begeisterung erzählt. Das hätte ihr die Gelegenheit zu einem netten Kompliment geboten und zur Erkenntnis verholfen, dass ich ein total vernarrter Vater bin, dem das Beste gerade gut genug ist für seine Prinzessin.

Jedes verneinte Angebot ist eine Niederlage für Sie – es schürt im Kunden die Idee, dass er mit seinen Wünschen doch nicht an der richtigen Stelle ist.

Das Gleiche gilt im persönlichen Gespräch. Wenn Sie sich vom Freund, vom Partner einmal ein „Nein" eingehandelt haben, dann wird es für Sie schwieriger werden, Ihren Gesprächspartner umzustimmen.

Also: fragen, fragen, fragen!

Auch bei Menschen, die Sie sehr gut kennen, sollten Sie nicht vorschnell voraussetzen, die Reaktion auf Ihr Ansinnen, Ihr Gesprächsziel voraussagen zu können. Erst wenn Sie ganz genau wissen, welche Einwände und Widerstände hier und jetzt gegen Ihr Wollen bestehen, werden Sie den richtigen Weg finden, durch erfolgreiches Überzeugen oder einen angemessenen Kompromiss zu Ihrem Ziel zu gelangen.

Ihr Sohn wünscht sich nichts so sehr wie ein Motorrad – Sie sterben fast vor Angst, was alles passieren könnte, und wollen ihn davon abbringen. Sicherheitsargumente, Beschwörungen, Betteln, Verbieten – Ihr Sohn ist begeistert und blind gegenüber Argumenten. Sprechen Sie mit ihm über die Träume, die hinter diesem Wunsch stehen, ermitteln Sie den echten emotionellen „Bedarf" Ihres Sohnes, nur dann haben Sie die Chance, ihn für ein anderes „Angebot" zu erwärmen: Seinen Freiheitsdrang kann er z.B. auch bei anderen, weniger gefährlichen Sportarten ausleben oder aber sein Wunsch nach einem eigenen Freiraum kann durch Ihre Zustimmung, sich irgendwo eine „sturmfreie Bude" einrichten zu dürfen, gestillt werden.

Die Umsetzung des Gedankens

Neugier oder gezielte Bedarfsermittlung – an der Trennlinie scheiden sich die Geister.

In meinen Seminaren höre ich oft den Einwand: „Der Kunde will doch nicht so ausgehorcht werden. Ich kann doch nicht so indiskret sein!" Dem halte ich entgegen: Der Kunde kann eben ganz genau zwischen Bedarfsermittlung und Neugier unterscheiden.

Wenn ein Kunde versteht, warum Sie die Fragen stellen, dann wird er Ihnen alles erzählen, dann fühlt er sich wie beim Arzt und lässt Sie bereitwillig in seine Privatsphäre herein. Wenn nicht, dann kommen automatisch seine Abwehrmechanismen in Gang: Er wittert hinter jeder Frage negative Absichten. „Was geht Sie das überhaupt an! Sie sind ja nur neugierig und wollen sich darüber lustig machen! Sie wollen das ja nur wissen, um Stoff für den Kollegentratsch zu haben!“*

Gewöhnen Sie sich daher an,

- *dem Kunden immer wieder zu sagen, dass Sie die Fragen in seinem Interesse stellen: „Damit ich genau verstehen kann, was Sie benötigen, sagen Sie mir bitte …“, „Um Sie besser beraten zu können, würde ich Ihnen gerne einige Fragen stellen …“, „Um die richtige Antwort geben zu können, darf ich bitte noch fragen …“;*
- *Ihre Fragen danach abzuwägen, ob sie der Bedarfsermittlung dienen oder einfach ihrer persönlichen Neugier entspringen (oder auch gedankenlos dahingesagt sind). Eine Frage wie „Wo spielen Sie denn Golf?“ kann nicht der Bedarfsermittlung dienlich sein, wohl aber bei einem auf Prestige bedachten Kunden zum Dilemma führen, zuzugeben, dass er nicht beim exklusivsten Club spielt, wie er es Sie gerne glauben machen würde.*

Am besten ist daher, Sie formulieren alle Fragen, die das (gewünschte) Image des Kunden bedrohen könnten, vorsichtig neutral: Nicht: „Was fahren Sie denn für ein Auto?“, wenn Sie die Autotype wissen müssen, um die richtigen Schonbezüge anzubieten, sondern: „Für welche Autotype benötigen Sie die Bezüge?“ Ist der Kunde nun genötigt, ein Billigstmodell zu nennen, mit dem man nicht renommieren kann, dann bleibt die Möglichkeit im Raum stehen, dass es ja sein Zweitauto oder das Auto eines Freundes ist, für das er jetzt einkauft.

31 Wer fragt, der führt

DER MENSCH HAT DIE GEFÄHRLICHE MÖGLICHKEIT,
DEN MENSCHEN FRAGEN ZU STELLEN.
ANDRÉ MALRAUX (1901 – 1976),
FRANZÖSISCHER KULTURMINISTER,
KUNSTWISSENSCHAFTLER UND ROMANCIER

Für den englischen Philosophen Sir Francis Bacon war bereits im 16. Jahrhundert „klug fragen können" die halbe Weisheit.

Fragetechnik ist demnach keine Erfindung moderner Verkaufstechnik, sondern ein Rückbesinnen auf dialektische* Grundlagen.

Konflikte entstehen, weil zu viele Behauptungen aufgestellt werden und zu wenig gefragt wird.

Was geschieht, wenn jemand Ihnen gegenüber eine Behauptung aufstellt?

Ganz klar! Sie überlegen, ob diese Äußerung richtig sein kann – Sie suchen nach den wunden Punkten. Das ist natürlich und nach den Regeln der Logik auch richtig: Thesen lassen sich ja nicht beweisen, nur widerlegen – wenn man Beispiele und Bedingungen findet, unter denen die Annahme nicht richtig ist.

Daher: Eine Behauptung fordert den Widerspruch heraus.

Widersprechen lässt sich meist auf vielfältige Weise – und durch die Art der Widerrede oder des Zweifels wird die weitere Richtung des Gesprächs bestimmt, denn diese Widerrede ist nun wiederum eine Behauptung, die neuerlich Widerspruch provoziert. Das Gespräch bekommt seine Eigendynamik. Sie haben es sicher selbst viele Male erlebt: Ein Gespräch entgleitet und bewegt sich in Richtungen, die von den Gesprächspartnern nicht gewünscht werden.

Fragen geben hingegen den Verlauf vor, und Sie behalten die Kontrolle über das Gespräch. Wenn Sie fragen, gewinnen Sie Zeit zum Nachdenken und zum Formulieren der nächsten Gedanken (die Sie idealerweise wiederum in Form einer weiterführenden Frage ausdrücken).

Wenn Sie eine Frage stellen, dann zwingen Sie Ihren Gesprächspartner, sich mit dem Thema auseinander zu setzen – er muss zu Ihrer Frage ja irgendwie Stellung beziehen. Sie selbst können sich damit vorerst zurückhalten – durch Ihre Fragen lenken Sie von Ihren eigenen Einstellungen, Motiven und Wünschen ab. Sie gewinnen zweifach Zeit: Einerseits können Sie das Gespräch auf Ihr Ziel zusteuern, andererseits schützen Sie sich davor, zuviel selbst zu sprechen und den anderen nicht reden zu lassen.

Intelligente und engagierte Fragen bringen Sie dem Gesprächspartner näher. Sie signalisieren Interesse und werden mit Sympathie aufgenommen. Frage ist jedoch nicht gleich Frage.

Solange Sie Informationen erhalten wollen, stellen Sie offene Fragen! Sie öffnen den Antwortenden, sie verlangen nach mehr, das Gespräch kommt in Gang.

„Wo werden Sie die Kaffeemaschine einsetzen?“

„Wer wird sie noch benützen?“

„Was ist Ihnen ganz besonders wichtig?

Damit erfahren Sie, wie robust, leicht zu handhaben, schnell und unkompliziert die Kaffeemaschine sein sollte, die Sie anbieten.

Der englische Erzähler und Nobelpreisträger Rudyard Kipling formulierte die Macht der richtigen Fragen so: „Ich hatte sechs ergebene Diener. Sie lehrten mich alles, was ich wissen musste: ihre Namen waren: WO und WAS und WANN und WARUM und WIE und WER.“

Geschlossene Fragen (auf Ja-/Nein-Antwort gerichtet) oder Alternativfragen (entweder/oder) fordern den anderen nicht zum Weitersprechen auf. Psychologisch betrachtet sind sie Ausdruck egozentrierten Denkens und verraten die selbstzufriedene Einstellung des Fragenden, selbst die Alternativen zu kennen beziehungsweise die Alternativen vorgeben und die Wahlmöglichkeiten von vornherein darauf einschränken zu wollen.

In der Phase der Bedarfsermittlung sind sie daher zumeist fehl am Platz. Ihre Zeit kommt in der Phase der Entscheidung, des Abschlusses. Zu einem Zeitpunkt, da alle notwendigen Informationen vorliegen, gilt es, den Gesprächspartner schrittweise zum gewünschten Ziel zu führen – in unserem Beispiel zum Kauf einer intelligenten Kaffeemaschine.

„Sie sind ein Kaffeegenießer und die exzellente Qualität des Kaffees ist das Wichtigste?“ – „Ja!“

„Andererseits benützen noch einige andere Kollegen im Büro diese Maschine, sie muss daher besonders hygienisch und leicht zu reinigen sein?" – „Ja"

„Es wird viel Kaffee getrunken und es muss schnell gehen?" – „Ja!"

„Dann wird für Sie genau dieses Modell das richtige sein!"

Sie als Verkäufer wissen bereits, was der Kunde wünscht. Diese Kette geschlossener Fragen (siehe auch den Gedanken „Die Kette zum Ziel") dient lediglich zur Zusammenfassung und Versicherung, dass Sie bei Ihrem Angebot die Wünsche des Kunden berücksichtigt haben.

Mit Alternativfragen helfen Sie Ihrem Kunden bei der Entscheidung zwischen mehreren Angeboten.

„Welcher Vorteil ist für Sie wichtiger: leicht zu handhaben oder besonders platzsparend?"

Es sollte Ihr Bestreben sein, durch eine genaue Bedarfsermittlung mit Ihrem Angebot auf das am besten geeignete Produkt zu zielen. Bei der heutigen Fülle an Möglichkeiten, denen Ihr Kunde allerorts begegnet, braucht er vor allem eines: die Entscheidungshilfe, um aus dieser Vielfalt das für ihn Passende zu finden.

Erst wenn Sie spüren, dass der Kunde sich gerne noch mit anderen Produkten auseinander setzen möchte, untermauern Sie Ihr erstes Angebot, indem Sie die nächstbesten Lösungen präsentieren.

Ein weiterer taktischer Einsatz ist die Suggestivfrage. Sie kann als offene Frage gestellt werden oder auch als geschlossene Frage auf ein „Ja" abzielen. In jedem Fall unterstellt sie bereits ein bestimmtes Ergebnis.

„Wann dürfen wir die Maschine bei Ihnen aufstellen? Das ist selbstverständlich ein kostenloser Service."

Diese Form der Suggestivfrage ist eine klassische indirekte Abschlussfrage. Der Kunde braucht nur noch einen kleinen Anstoß. Dieser erfolgt durch die Art der Fragestellung: Sie unterstellt, dass eine Entscheidung bereits gefallen ist, und lenkt die Aufmerksamkeit des Kunden auf die sich daraus ergebende Entscheidung – nicht ob, sondern wann soll der Kaffeeautomat aufgestellt werden.

Manipulativ?

Nein – Ausdruck positiven Denkens!

„Was kann ich tun, um dich zu überzeugen?" ist eben mehr als eine neutrale Informationsfrage. Wenn Sie so fragen, geben Sie auch einen Teil Ihres Denkens preis: Sie unterstellen, dass es grundsätzlich eine Möglichkeit gibt (würden Sie sonst überhaupt diskutieren?), und Sie teilen mit, dass Sie bereit sind, dafür auch etwas zu tun.

Wie Sie fragen, ist genauso wichtig, wie dass Sie überhaupt fragen.

Eine Frage ist grundsätzlich ein Kompliment an die Meinung des anderen: Ich nehme dich wahr, ich interessiere mich für dich, ich will wissen, was du denkst, fühlst, willst.

Ehrliche Fragetechnik – ehrlich insofern, als Sie auch wirklich an den Antworten interessiert sind und sich daran im weiteren Gespräch orientieren – ist die fairste und damit auch die erfolgreichste Form der Gesprächsführung.

Die Umsetzung des Gedankens

Üben Sie, offene positive Fragen an Ihre Umwelt zu stellen. Beginnen Sie im privaten Alltag – dort, wo Sie Zeit und Muße haben (sollten!), an Ihren Fragen zu feilen:

„Bist du einverstanden damit?" engt ein auf Zustimmung oder Ablehnung.

„Was hältst du davon?" fordert zum weiteren Mitdenken auf. So erfahren Sie viel mehr über die Einstellung und über Möglichkeiten eines vielleicht etwas abgewandelten Konsenses.

Fragen wie „Hat es dir (nicht) gefallen?", „Hast du keine Zeit?", „Hast du Einwände dagegen?" polarisieren.

Gewöhnen Sie sich die großzügige, positive Form an: „Wie hat es dir gefallen?", „Wann hast du Zeit?", „Welche Einwände hast du denn dagegen?", die noch zusätzlich den Vorteil hat, dass sie vom Gesprächspartner eine mehr oder weniger begründete Stellungnahme verlangt. Sie gibt die Chance, das „Warum" vorher (nachdenkend) zu begründen, bevor man sich eindeutig auf eine Zustimmung oder Ablehnung festlegt. Wenn Sie gleich ein „Ja" oder „Nein" fordern, dann wird das weitere Denken ganz automatisch durch diese erfolgte „Festlegung" gelenkt.

....

....

....

32 Warum kannst du mich einfach nicht verstehen?

Meine grösste Waffe heisst Kontrolle.
*Sharon Stone (*1958),*
US-amerikanische Filmschauspielerin
und Produzentin

„Das Bedürfnis, verstanden zu werden, ist ja so schwer zu befriedigen. Und so trügerisch! Verlockender noch als die Liebe, als das Glück. Und doch wird man am Ende falsch verstanden und bleibt auf seinem innigen Wunsch sitzen – trotz aller Kommunikationsakrobatik, die man vollführt hat.“ (Alona Kimhi in ihrem Roman „Die weinende Susannah“)

Wir Menschen haben ein Urbedürfnis, uns mitzuteilen und von anderen verstanden zu werden. Zum Teil hilft uns dieses Echo des Verstehens, uns selbst zu verstehen.

Doch auch hier gibt es wiederum ein Missverhältnis zwischen passivem und aktivem Bedürfnis: Wir alle wollen verstanden werden, aber es ist uns weniger wichtig, andere zu verstehen.

Viele leben das Verstanden-werden-Wollen egozentrisch aus: Sie stellen zwar die sehnsüchtige bis aggressive Forderung in den Raum, geben sich aber nicht die kleinste Mühe, sich auch verständlich zu machen.

Ein vollkommenes Verstehen des anderen ist unmöglich! Zu individuell und verschieden ist das Denken und Fühlen, zu unpräzis die Sprache. Es ist jedoch viel mehr gegenseitiges Verstehen möglich, als allgemein praktiziert wird. Dazu muss es mehr Menschen geben, die verstehen wollen und sich darum bemühen.

Vor diesem Hintergrund wird die Frage „Habe ich Sie/dich richtig verstanden?“ zur Zauberformel.

Die meisten Begriffsinhalte unserer Sprache sind verschwommen, wir verwenden sie noch zusätzlich großzügig und kreativ, die Gefahr, einander misszuverstehen ist groß.

Scheuen Sie sich daher nicht, sich immer wieder rückzuversichern: „Habe ich dich/Sie richtig verstanden?“ Durch Wiederholung der Wünsche Ihres

Gesprächspartners aus Ihrer Sicht verschaffen Sie sich die notwendige Kontrolle und vermitteln dem anderen das befriedigende Bewusstsein, dass es da jemanden gibt, der ihn verstehen will.

Sie kennen das Phänomen aus der optischen Gestaltwahrnehmung*. Wir betrachten einige zufällig hingemalte Punkte und aus dem ständigen Versuch unserer Wahrnehmung, daraus etwas Ganzheitliches zu gestalten, formt sich in uns ein Bild und aus den willkürlichen Pünktchen wird z.B. die Gestalt einer Katze. Die Fantasie ergänzt fehlende Linien und aus den unabhängigen Teilen wird ein Ganzes.

Diese unsere Tendenz zur ganzheitlichen Wahrnehmung kann jedoch auch zur Falle werden. Wir ergänzen Fehlendes aus Bekanntem, aus Erfahrung, aus Vermutungen – möglicherweise entgegen der Realität.

Eine solche Vermutung, die uns leicht in die Irre führt, ist die Einschätzung der Kaufkraft eines Kunden. Wollen wir wissen, was ein Kunde wohl bereit sein wird, auszugeben, lassen wir uns nur zu leicht von der oberflächlichen Erscheinung beeinflussen und tasten uns erst gar nicht durch Rückfragen an die Realität heran.

Kleidung und Schmuck geben heute kein verlässliches Indiz mehr dafür, für welche Preislage sich der Kunde, die Kundin wohl interessieren wird. Neben feinster Qualitätsware finden sich in jedem Kleiderschrank auch einfachste Schnäppchen. Die Topmanagerin genießt es häufig, sich beim Einkaufsbummel Jeans und Schlabberpulli zu gestatten.

An einer gezielten Rückfrage führt also kein Weg vorbei. Doch Achtung! Hier ist die direkte unverblümte Frage: „Was möchten Sie ausgeben?“ oder gar: „Was darf es denn kosten?“ ausdrückliches Tabu. Gerade in deutschsprachigen Landen kommt diese Frage einer indiskreten Erkundigung nach der Potenz gleich und das persönliche Einkommen gehört zu den am besten gehüteten Geheimnissen unserer Gesellschaft.

Aus dem Frage-Antwort-Spiel darf vom Kunden kein Einbekenntnis erzwungen werden, nur wenig Geld ausgeben zu können (auch wenn der Kunde ja behaupten kann, nicht mehr Geld ausgeben zu *wollen*). Bei dieser Frage müssen wir uns auf Umwegen vortasten:

„Wollen Sie einfach einen guten Videorecorder oder welche besonderen Funktionen soll er Ihnen darüber hinaus bieten?“

„Suchen Sie etwas für alle Tage oder wollen Sie sich ein besonderes Geschenk machen?“

Aber auch das Privatleben ist ein Tummelplatz von Missverständnissen, weil wir nicht rückfragen und aus falschen Annahmen unüberprüfte Gewissheiten machen.

Sie kennen doch sicher die berühmte Brötchen-Anekdote? Zum fünfzigsten Hochzeitstag bittet die Ehefrau, die gerade die Frühstücksbrötchen auseinanderschneidet und dabei ist, die Hälften zu verteilen, ihren Mann: „Darf ich heute ausnahmsweise den Oberteil des Brötchens essen? Ich habe dir zuliebe jetzt fünfzig Jahre immer dir diesen Teil überlassen, aber einmal möchte ich doch gerne auch den Oberteil genießen.“ Worauf der fassungslose Ehemann stammelt, „aber ich habe doch gedacht, du möchtest das Unterteil, deshalb habe ich nun fünfzig Jahre darauf verzichtet!“

Eine hübsche Geschichte darüber, was Liebe ausmacht? Ja und nein!

Sie hat zwei Schönheitsfehler: Da der Partner nicht wusste, dass der andere aus Liebe verzichtet, entging ihm/ihr ein Leben lang das schöne Kompliment – und nun nach fünfzig Jahren stellt sich der Verzicht noch dazu als sinnlos heraus. Eigentlich eine traurige Geschichte über mangelndes echtes Verstehen und unterlassene Kommunikation.

Wie oft müssen wir einen Fehler rechtfertigen durch: „Ich habe gedacht …; ich hatte den Eindruck …. !“

Uns ward die Sprache gegeben, um sie zum Verstehen unserer Mitmenschen einzusetzen!

Die Umsetzung des Gedankens

In meinen Seminaren stelle ich immer wieder fest, dass meine Teilnehmer erst eine anfängliche Scheu vor der Rückfrage überwinden müssen.

Wenn wir dann dieser Scheu gemeinsam auf den Grund gehen, zeigt sich zweierlei:

- *Angst davor, sich geirrt zu haben und nun den Rüffel einstecken zu müssen: „Nein, Sie haben mich nicht verstanden!“*
- *Durch die Banalität der Rückfrage zu nerven.*

Beide Ursachen für die Zurückhaltung mit Verständnisfragen sind unbegründet:

Wenn Sie tatsächlich missverstanden haben, dann ist es höchste Zeit, korrigiert zu werden. Wie wollen Sie verantwortungsvoll beraten, wenn Sie nicht wissen, was der Kunde tatsächlich gesagt hat bzw. will?

Niemand fühlt sich durch den Beweis genervt, dass man ihm zugehört hat und ihn versteht. Überraschung werden Sie hie und da einmal ernten. „Verstehen wollen" ist selten!

Machen Sie also den Mund auf! Fragen Sie und setzen Sie es sich zum Ziel, den Gesprächspartner wirklich zu verstehen:

- *„Damit ich Sie richtig verstehe, ..."*
- *„Habe ich dich/Sie richtig verstanden ..."*
- *„Darf ich in meinen Worten wiederholen, damit ich sichergehe, dich/Sie verstanden zu haben ..."*

Wie immer Sie Ihre Rückfrage auch formulieren, sagen Sie Ihrem Gesprächspartner deutlich, dass Sie ihn verstehen wollen. Schenken Sie ihm das gute Gefühl: Da ist jemand, der mich verstehen will.

33 Power Talk

GEBRAUCHE GEWÖHNLICHE WORTE
UND SAGE UNGEWÖHNLICHE DINGE.
ARTHUR SCHOPENHAUER (1788 – 1860),
DEUTSCHER PHILOSOPH

Auch wenn die Sprachfähigkeit weiter Bevölkerungsteile abnimmt und die Ausdrucksfähigkeit durch die Sprache auch in Kultur und Kunst vernachlässigt und minder bewertet wird, so beeinflusst sie dennoch – in immer stärkerem Ausmaß – den Erfolg beratender Dienstleistungen.

Jedes Verkaufsgespräch, in dem Stimmung und Information vermittelt werden sollen, begründet seinen Erfolg in Glaubwürdigkeit und Überzeugung. Wenn auch die aktive Sprachfähigkeit nachlässt, so bleibt die Empfänglichkeit für das intuitive Erfassen positiver Sprache und übermittelter Authentizität* bestehen.

Dazu ist es nicht notwendig, dass sich der Kunde über die Ursachen im Detail bewusst wird: Der eine – wenn auch sehr bemühte – Verkäufer hinterlässt einfach keinen Eindruck und der Kaufwunsch des Kunden verflüchtigt sich im Laufe des Beratungsgesprächs. Einem anderen Verkäufer gelingt es hingegen mit wesentlich weniger Zeiteinsatz, ihn als glücklichen Besitzer eines Objektes mit der Überzeugung, gerade etwas Wertvolles errungen zu haben, und mit dem Wunsch, wieder einmal vorbeizuschauen, in einen noch weiteren schönen Tag verabschiedet zu haben.

Positive Sprache ist der Ausdruck einer positiven Einstellung zum Leben und liebevoller Achtung und des Respekts vor den Mitmenschen – nicht zuletzt jedoch auch vor sich selbst.

Die Bedeutung der Sprachfähigkeit und der Art des sprachlichen Ausdrucks wird uns bewusst, wenn wir uns vor Augen halten, dass im Normalfall Denken und Worte Hand in Hand gehen. Es gibt zwar auch ein bildhaftes Denken ohne Wörter, das ist jedoch eine Randerscheinung.

Unsere Sprache beinhaltet das Denken und die Fantasie von hunderten Generationen, unsere Sprachstruktur ist gewachsen und wurde verfeinert. Wir haben jedoch einen speziellen *aktiven* Sprachschatz – jene Menge von Begriffen und Wendungen, die wir „zur Hand haben" und mittels derer wir unsere Gedanken ausdrücken. Die Sprache, derer wir uns bedienen, ist also Ausdruck unseres Denkens.

Doch der Einfluss geht auch in die entgegengesetzte Richtung. Die Sprache, die wir verwenden, beeinflusst und formt unser Denken. Um es mit Friedrich Nietzsches Worten auszudrücken: „Wir haben in jedem Moment eben nur den Gedanken, für welchen uns die Worte zur Hand sind, die ihn ungefähr auszudrücken vermögen."

Besteht der „aktive Sprachschatz" aus kraftvoller positiver Sprache, so werden auch unsere Gedanken aktiv und kraftvoll sein. Dieser Sprachschatz entsteht dadurch, dass wir offen und bejahend mit anderen Menschen in Kontakt treten. Wir wecken dadurch positive Erwartungen – in uns selbst und bei anderen.

Kommunizieren Sie konkret und kraftvoll

Ein Verkäufer muss nicht nur von seinen Produkten überzeugt sein, er muss diese Überzeugung auch transportieren können. Gerade im Deutschen und ganz besonders in unserer Umgangssprache wimmelt es nur so von Halbherzigkeiten, hinter denen wir gewohnt sind, echtes Interesse zu verbergen:

Mit weichen Einschüben relativieren wir, was wir gerade so bemüht betonen wollen: „Vielleicht, würde, könnte, möchte, mal versuchen, …". Meiden Sie diese weichen Halbheiten unserer Sprache. Streichen Sie die so häufig verwendeten relativierenden Füllwörter aus Ihrem Sprachschatz, wie „vielleicht", „möglicherweise".

„Vielleicht" und „möglicherweise" ist fast alles auf dieser Welt, weil wir kaum etwas mit Sicherheit ausschließen können. Ein solcher Satz hat dementsprechend keine Aussagekraft, kann Ihren Gesprächspartner ob Ihrer Unkonkretheit verärgern. Also sagen Sie nicht: „Vielleicht haben wir diesen Artikel noch im Lager." Damit ist dem Kunden nicht geholfen. Sondern bieten Sie konkret an, was Sie bereit sind zu tun. „Ich sehe gerne für Sie im Lager nach", ist ein konkretes Angebot, das der Kunde mit einem dankbaren „Ja, bitte, tun Sie das!" annehmen kann.

Das Gleiche gilt für die Verwendung des Konjunktivs. Korrekt eingesetzt, setzt er eine Bedingung voraus. Wenn Sie demnach mit der vagen Aussage „Ich hätte da noch eine Packung …" an einen Deutschlehrer geraten, kann es Ihnen passieren, dass er mit der Frage kontert: „Unter welcher Bedingung?“

In privaten Gesprächen mit dem Partner, Freunden, den Kindern hat die Lauheit des Konjunktivs einen besonders unangenehmen Unterton. Er suggeriert, dass Sie mit halbem Herz dabei sind, sich immer irgendwo ein Hintertürchen offen lassen und ganz sicher nicht ein Felsen sind, auf den man bauen kann.

Ersetzen Sie „Ich könnte, ich möchte, ich wollte, ich würde dazu sagen“ einfach durch die unverblümt konkrete Aussage dessen, was Sie tatsächlich tun oder ausdrücken wollen.

Nicht: „Ich könnte ja einmal beim Lieferanten anfragen.“

Sondern: „Ich frage gerne beim Lieferanten an, …“

Ebenso wenig „versuchen“ Sie etwas zu tun! Auch in all diesen Fällen spielt ihr Unbewusstes* mit. „Ich kann es versuchen“ ist eben der Ausdruck Ihrer eigenen Unsicherheit darüber, ob Sie es tatsächlich wollen, oder auch fehlender Verantwortungsbereitschaft. Es bleibt damit immer das bequeme Hintertürchen des unverbindlichen Versuchs.

Wenn Sie sich etwas vornehmen, wenn Sie etwas tun wollen, dann versperren Sie sich diese Ausflucht des „Ich kann’s ja versuchen“.

Wenn Sie sich selbst, einem Freund oder einem Kunden etwas versprechen, dann ziehen Sie es auch durch und begleiten Sie diesen Vorsatz mit „Ich werde …“. Dieses kraftvolle „ich werde“ wird Ihnen helfen, mit Schwung an die Sache heranzugehen. Selbst wenn Ihnen einmal etwas nicht gelingt, wird Ihnen nach einer solchen Ankündigung keiner vorwerfen, sie hätten es ja nur versucht.

Fordern Sie dieses kraftvolle Bekenntnis zu einer Entscheidung auch von Ihrem Gesprächspartner, ganz besonders von Ihrem Kunden. Wenn Sie Ihren Kunden gut beraten und informiert haben, fragen Sie nicht: „Haben Sie noch weitere Fragen?“, sondern konkret: „Welche Fragen haben Sie noch?“ Fragen Sie nicht, *ob* Sie den Kunden anrufen *dürfen*, um seine Entscheidung über ein gestelltes Angebot zu erfahren, sondern fragen Sie, *wann* Sie anrufen *sollen.*

Geben Sie sich grundsätzlich nicht mit einem „Nein“ oder „Ja“ als Antwort zufrieden, sondern stellen Sie offene Fragen, deren Beantwortung Ihnen wirklich Informationen liefert. Erkundungsfragen, bei denen man nachhaken kann, sind viel effektiver, um Kaufmotivation zu wecken.

„Ich würde Sie gerne zu unseren Kunden zählen", ist bereits ein erfolgversprechendes Zugehen auf den Kunden.

„Was kann ich tun, um Sie zu einem Kunden unseres Hauses zu machen?" ist das machtvollere Werben um die Gunst des Kunden, zeigt es doch, dass Sie sich den Kunden nicht nur wünschen, sondern auch bereit sind, dafür etwas zu tun. Und das ist nicht selbstverständlich.

Der Frage: „Was kann ich tun, um dich zu erobern?" wird wohl kaum eine Frau oder ein Mann Widerstand entgegensetzen können – maximal noch ein wenig Kreativität, um sich nicht zu schnell zu ergeben.

Reichen Sie einem Freund nicht halbherzig die Hand mit „Kann ich etwas für dich tun?", was er wahrscheinlich höflich verneinen wird. Fragen Sie konkret: „Was kann ich für Dich tun?", und er wird den Mut haben, Ihnen zu sagen, wo er Hilfe braucht.

Gehen Sie also auch in Ihrer Sprache entschlossen auf die Dinge zu, die Sie erreichen wollen. Drücken Sie sich direkt aus und sprengen Sie nichtssagende Worthülsen. Vermitteln Sie konkrete Verlässlichkeit und fordern Sie diese auch bei Ihren Gesprächspartnern ein.

Das wird Ihnen den Ruf eines selbstbewussten und kompetenten Menschen einbringen und Ihr beruflicher Erfolg wird beweisen, wie wichtig gerade dies in den meisten Berufen ist.

Die Umsetzung des Gedankens

Hören Sie sich selbst bewusst zu: Hinter welchen Unkonkretheiten verstecken Sie sich gerne? Wo wirken Sie daher saft- und kraftlos?

Unsere Sprache ist gespickt mit unsinnigen Floskeln, die weder positiv wirken noch irgendeinen Informationsgehalt haben. Trennen wir uns davon!

Schärfen Sie Ihr Ohr für weitere Beispiele. Bitten Sie die Menschen in Ihrer nächsten Umgebung, ehrlich mit Ihnen zu sein und Ihnen zu sagen, welche Eigenheiten in Ihrer Sprache sie irritieren. Es ist ganz natürlich, dass immer wieder solche Floskeln vorkommen. Wir sollten Sie gleich behandeln und wie einen Fleck an Kleid oder Hose wegwaschen. Auf einen Fleck machen uns Freunde auch aufmerksam – bitten wir sie, uns auch auf diese sprachlichen Flecken hinzuweisen.

Hier einige Beispiele allgemein gebräuchlicher Redensarten, um Sie auf Ihre persönliche „Floskeljagd" einzustimmen.

Beispiel 1: „Um ehrlich zu sein“, „Um die Wahrheit zu sagen“.

Das klingt, als wollten Sie damit unterstellen, dass Sie sonst nicht ehrlich sind. Sagen Sie sonst nie die Wahrheit, weil Sie es jetzt so deutlich ankündigen?

Beispiel 2: „Darf ich Sie unterbrechen?“, „Darf ich Ihnen eine Frage stellen?“

Sie tun es doch eben. Sagen Sie, was Sie zu sagen haben, ohne Einleitung. Unterbrechen sollten Sie Ihren Gesprächspartner außerdem nur in Ausnahmefällen – wir alle wollen einen Gedanken, den wir begonnen haben, auch zu Ende führen.

Beispiel 3: „Können Sie mir Ihren Namen buchstabieren?“

Natürlich, Ihr Gesprächspartner hat es sicher in der Schule gelernt. Konkret, direkt, kraftvoll ist die Aufforderung: „Bitte buchstabieren Sie mir Ihren Namen!“

Verwechseln Sie jedoch Power Talk – also eine kraftvolle Sprache – nicht mit unsensibler Direktheit. Es geht darum, selbst konkret und fassbar für andere zu sein: das, was Sie ausdrücken wollen, Ihre Wünsche, Ihre Intentionen, Ihre Informationen unmissverständlich zu formulieren. Das hat gar nichts mit der heute so häufig propagierten schonungslosen „Ehrlichkeit“ zu tun, die man uns in Werbung und seichter Unterhaltung präsentiert, wo man sich auf Kosten des Schamgefühls und der Peinlichkeit anderer amüsiert.

So genannte „Kraftausdrücke“ sollen die fehlende Kraft des Geistes und der Psyche des Sprechers verbergen und sind vielmehr der Ausdruck geistiger Ohnmacht.

In einer kraftvollen Sprache fühlt man das Blut pulsieren, spürt man das Leben in seiner mitreißenden Verheißung.

Reißen Sie andere durch Ihre Sprache mit!

34 Der Zauber positiver Worte

DER MENSCH IST EIN SPRACHBEGABTES TIER
UND WIRD SICH IMMER DURCH DAS WORT VERFÜHREN LASSEN.
SIMONE DE BEAUVOIR (1908 – 1986),
FRANZÖSISCHE SCHRIFTSTELLERIN
UND THEORETIKERIN DER NEUEN FRAUENBEWEGUNG

Wir begleiten das Geschehen um uns durch unsere Sprache. Wir sprechen vom Wetter, wenngleich wir einander darüber nicht informieren müssen, weil beide Gesprächspartner es ja sehen und fühlen können. Es ist einfach ein Bedürfnis des Menschen, seinen Alltag auch in Worten auszudrücken.

Begleiten Sie es daher auch mit Worten, wenn Sie Ihrem Kunden ein Produkt zeigen und ihn es anfassen lassen. Sie müssen es gar nicht überschwänglich anpreisen – sprechen Sie einfach gut und achtungsvoll darüber und Sie verleihen dem Produkt damit einen zusätzlichen Wert.

Denken Sie darüber nach, wie sehr gute oder schlechte Worte, die wir auch über einen Menschen hören, unsere Meinung über diesen Menschen beeinflussen. Wie schwer wird es für uns, selbst zu einem guten Freund zu stehen, wenn jemand schlecht über ihn spricht. Es verunsichert – zumindest für einige Augenblicke – unsere eigene Meinung.

Nutzen Sie diesen „Wortzauber" im fruchtbaren Sinn.

Wenn wir gut und liebevoll mit uns und über uns selbst sprechen, werden wir uns wertvoller und besser fühlen. Wenn wir zum Beispiel geringschätzige Bemerkungen über unser fortschreitendes Alter machen, leidet unser Selbstbild darunter. Wenn wir uns ständig abfällig über die eigenen Fehler äußern, werden wir sie wiederholen. „Das nächste Mal mache ich es besser!" ist der liebevolle Umgang mit sich selbst.

Wenn wir die positiven Seiten unserer Freunde und Familienmitglieder ansprechen, tragen wir dazu bei, dass sich diese Menschen ihrer guten Anlagen ständig bewusst sind und diese auch einsetzen werden. Der Umwelt hingegen zeigen wir, dass wir wertvolle Menschen um uns haben, was wiederum positiv auf uns abfärbt.

Mit passenden positiven Attributen für Ihre Produkte und Dienstleistungen leiten Sie den Blick des Kunden auf die für ihn interessanten Eigenschaften Ihres Angebots, die er ohne die sprachliche Begleitung in vielen Fällen gar nicht so intensiv wahrgenommen hätte.

Achten Sie einmal darauf, wie oft wir gerade dann, wenn wir besondere Vorteile herausstreichen wollen, diese durch die Verneinung eines wesentlichen Nachteils ausdrücken. So, wie unser Denken dabei auf die Nachteile konzentriert ist, vermitteln wir auch unserem Gesprächspartner dabei die mögliche Existenz all dieser nachteiligen Bedrohlichkeiten.

Auch wenn wir im Brustton der Überzeugung versichern: „Das ist kein Problem!“, so wird dennoch der Gedanke, dass es überhaupt ein Problem geben könnte, damit deutlich ausgesprochen und dem Gesprächspartner vielleicht überhaupt erst bewusst.

Wenn es kein Problem ist – warum sprechen wir dann darüber?

Überprüfen Sie doch Ihre eigenen Empfindungen: Welches Produkt spricht sie mehr an – ein als „nicht uninteressant“ oder ein als „interessant“ eingestufter Artikel? Sie schätzen es ja auch viel mehr, wenn man über Sie als hübschen und intelligenten Menschen spricht und Sie nicht als „nicht unhübsch“ und „nicht unintelligent“ bezeichnet.

Wenn Sie noch nicht überzeugt sind von der unterschiedlichen Empfindungsqualität positiver Ausdrucksweise gegenüber der bloßen Verneinung ihres Gegenteils, dann lehnen Sie sich zurück und fühlen Sie den Unterschied zwischen folgenden Beispielen:

Verneinung des Negativen	**Positiver Ausdruck**
Die Wolle dieses Pullovers kratzt nicht.	Fühlen Sie, wie diese Wolle der Haut schmeichelt.
Das für diesen Schuh verwendete besondere Leder drückt mit Sicherheit nicht.	Dieses Leder ist besonders weich und anschmiegsam. Mit diesem Schuh verwöhnen Sie Ihre Füße.
Keine Sorge, das ist ein Qualitätsprodukt. Dieses T-Shirt geht nicht ein und verfärbt sich nicht beim Waschen.	Dieses T-Shirt ist ein echtes Qualitätsprodukt. Sie können es waschen, so oft sie wollen, es passt und strahlt weiterhin in diesen Farben.

Sehr oft flüchten wir allerdings in eine abschwächende Form eines Kompliments für ein Produkt und auch für einen Menschen, weil wir das Kompliment an sich nicht ehrlich meinen, weil wir von den Vorteilen nicht überzeugt sind und „nicht lügen wollen". Eine abgeschwächte Lüge ist auch eine Lüge. Unser Gesprächspartner fühlt unser Unbehagen und wir erreichen, dass wir unsere Glaubwürdigkeit in seinen Augen in Zweifel ziehen.

Wenn wir bestimmte positive Aussagen nicht aus Überzeugung machen können, dann sagen wir sie besser gar nicht. Es wird andere Vorteile und Vorzüge geben, die wir herausstreichen können.

{ Ersetzen Sie „aber" durch „und" }

Der Effekt des Wörtchens „aber" besteht darin, zwei Gesichtspunkte einer Sache gegenüberzustellen und dabei einen zu entwerten. Wollen wir das tatsächlich ausdrücken? Was können wir mit dieser Entwertung erreichen?

Eigentlich wollen wir meistens doch auf Gegensätzlichkeiten hinweisen, ohne gleich die eine oder andere Seite herabzumindern. Zwei gegensätzliche Vorstellungen können doch auch gleichzeitig nebeneinander existieren, ohne dass die eine die andere entwertet.

Wir setzen das Wörtchen „aber" jedoch häufig aus Gewohnheit als Verbindungswort ein, ohne uns darüber bewusst zu werden, dass wir damit nicht verbinden, sondern durch den Gegensatz eher trennen.

„Das hast du gut gemacht, aber ich hätte dir noch geraten …" ist eine sicher nicht beabsichtigte Herabminderung des Komplimentes am Anfang des Satzes.

In beiden Fällen ist es produktiv, das Wörtchen „aber" durch „und" zu ersetzen. Im Falle echter Gegensätze betonen Sie damit das Verbindende und dort, wo Sie ohnehin nicht trennen wollen, unterstreichen Sie die Bedeutung des ersten Satzteiles.

„Das hast du gut gemacht und ich hätte dir noch geraten …" ist eine freundliche Sorge um die Verstärkung des Erfolges.

Was tun, wenn Ihr Gesprächspartner Ihnen das Wörtchen „aber" als Widerspruch an den Kopf wirft?

Lassen Sie sich nicht verleiten, es zurückzuwerfen.

„Aber die Konkurrenz ist billiger!"

Geben Sie Ihrem Kunden Recht, wiederholen Sie seinen Widerspruch *und* sagen Sie ihm dann, warum das so ist. „Sie haben Recht, so mancher Konkurrent ist billiger und kann Ihnen dafür die folgenden Vorteile *nicht* bieten."

„Aber" durch „und" zu ersetzen schafft eine kooperative Atmosphäre in Verkaufsgesprächen und auch in familiären Diskussionen. Wenn Sie mit „aber" kontern, nehmen Sie den Fehdehandschuh auf, der Ihnen geworfen wurde und fordern den Widerspruch heraus – um des Rechthabens willen. Ihre möglicherweise ausgezeichneten Gründe kommen beim Gesprächspartner gar nicht mehr durch. Mit „und" schaffen Sie eine Brücke, sagen dem Gegenüber nicht, dass er Unrecht hat, sondern liefern Informationen, warum es so ist, wie er es behauptet hat.

Das vertrackte „Nur"

Das Wörtchen „nur" ist ein weiteres solches Füllwörtchen. Wenn wir es einsetzen, dann geben wir dem Inhalt unserer Aussage einen mindernden Nachgeschmack. Da wir das in den wenigstens Fällen tatsächlich wollen, ist es angebracht, dieses Wort nach und nach aus dem Sprachschatz zu streichen.

„In Ihrer Größe habe ich nur noch dieses Modell." Der Wert unseres Angebotes wird durch die Formulierung gemindert, Sie transportieren damit die Überzeugung, dass das eigentlich zu wenig ist. Wenn Sie Ihren Kunden für dieses Modell interessieren wollen, dann lassen Sie das vertrackte „Nur" weg. „In Ihrer Größe habe ich dieses hübsche, elegante, klassische etc. Modell."

„Ich kann dir dazu nur gratulieren!" Etwas deutlicher übersetzt drücken wir damit aus, dass wir nicht anders können, obwohl wir es lieber gar nicht täten. Höchstwahrscheinlich wollen wir das bewusst jedoch nicht ausdrücken, sondern wenden auch hier eher unüberlegt und aus reiner Gewohnheit ein überflüssiges Füllwort an.

Manchmal spiegelt diese Wortwahl allerdings unsere tatsächlich zwiespältige Einstellung wider, zu der wir uns nicht offen bekennen wollen, die wir durch eine solche „Freud'sche Fehlleistung"* jedoch verraten.

Die Umsetzung des Gedankens

Die Fähigkeit zum positiven sprachlichen Ausdruck müssen wir großteils erst wieder erlernen. Unsere Erziehung und Prägung durch die Umwelt ist in die andere Richtung gegangen:

- *Schlechte Nachrichten sind gute Nachrichten – meint man zumindest in den Medien – und bedient sich dazu noch einer abfälligen, herabmindernden Sprache.*
- *In unseren Unterhaltungsfilmen, Soap Operas etc. überbietet man sich in den Dialogen darin, einander Unfreundlichkeiten zu sagen.*
- *Die Politik ist ebenfalls ein schlechtes Vorbild: Viele leere Worthülsen kennzeichnen die Äußerungen und mutwillig wird selbst das Lächeln eines Gegners missdeutet.*

Anfangs werden Ihnen die Worte fehlen – trainieren Sie Ihren Wortschatz. Unsere Sprache verfügt über so viele anregende Eigenschaftswörter, wir haben sie vergessen, weil wir sie so selten hören. Holen Sie diese Wörter nach und nach wieder in Ihren aktiven Wortschatz zurück, indem Sie für sich selbst – oder gemeinsam mit Kollegen – Listen solcher Wörter anlegen, die ständig erweitert werden. Hängen Sie diese Listen an einem Ort auf, wo sie Ihnen täglich auffallen, Sie sie automatisch überfliegen und Ergänzungen wahrnehmen.

Hören Sie sich selbst aufmerksam zu – wie setzt sich Ihr täglicher Wortschatz zusammen?

Setzen Sie sich immer wieder einige Minuten entspannt hin, legen Sie eine CD mit Ihrer Lieblingsmusik ein und holen Sie in Gedanken einen beglückenden Moment Ihres Lebens zurück. Dann schreiben Sie ca. sieben Minuten lang alle Wörter nieder, die Ihnen einfallen – ohne Zensur, ohne darüber nachzudenken, geben Sie sich einfach dem Rhythmus des Schreibens hin. Erst wenn Sie den Kugelschreiber nach Ablauf der Zeit hingelegt haben, sehen Sie sich bewusst an, was da aus Ihrer Feder geflossen ist. Sie werden sich wundern, wie viele positive Wörter unsere Sprache enthält – und vor allem, wie viele davon Sie kennen und ach so selten verwenden. Nun suchen Sie sich die hübschesten, ein wenig ausgefallenen Wörter heraus und unterstreichen Sie diese. Erinnern Sie sich in den nächsten Stunden immer wieder an die ausgewählten Wörter und binden Sie diese in Ihre Unterhaltung ein.

Nehmen Sie sich solchermaßen vor, jede Woche eine neue positive Formulierung in Ihren Wortschatz aktiv einzuführen, damit Ihre Sprache lebendig bleibt. Sie werden feststellen: Ihr Sympathiewert wird bei Ihrer Umgebung steigen.

35 Beziehungskisten

NICHT, WAS DIE DINGE WIRKLICH SIND,
SONDERN WAS SIE FÜR UNS IN UNSERER AUFFASSUNG SIND,
MACHT UNS GLÜCKLICH ODER UNGLÜCKLICH.
ARTHUR SCHOPENHAUER (1788 – 1860),
DEUTSCHER PHILOSOPH

Eine positive Sprache orientiert sich an der Gedankenwelt des Gesprächspartners. Immer kommunizieren wir, weil wir den Wert unseres Angebotes unserem Kunden, unseren Kindern, Partnern, Freunden vermitteln wollen.

Der Inhalt des Gesprächs sollte also von den Wünschen, Empfindungen und Vorstellungen unseres Kunden bestimmt werden. Aber nicht nur der Inhalt, sondern auch die Form unseres Ausdrucks.

Doch auch in unserer privaten Kommunikation ist unser Gespräch auf ein Ziel ausgerichtet, auch hier wollen wir etwas erreichen. Selbst wenn wir Small Talk betreiben und uns „nur" unterhalten, wollen wir damit doch erreichen, dass der Gesprächspartner diese Unterhaltung als angenehm, interessant, sympathisch oder einfach entspannend empfindet – oder wir wollen ihn beeindrucken und für uns gewinnen. In jedem Fall werden wir das erreichen, wenn wir uns auf seine Gedankenebene begeben und unseren Gesprächsinhalt von seiner Sichtweise aus transportieren.

Daher sollten auch unsere privaten Gespräche von einer ernsthaften Du-Orientierung geprägt sein.

Sie- bzw. Du-Orientierung bedeutet konkret:

Wir sprechen davon, was das, was wir sagen wollen, für den Gesprächspartner bedeutet – wir schaffen eine Beziehung zu ihm. Nehmen wir uns dazu ein einfaches Beispiel zur Hand:

Egal ob wir einen Freund davon überzeugen wollen, den Urlaub in einem von uns gewünschten Urlaubsort zu verbringen oder als Verkäufer eines Reisebüros einem Kunden ein bestimmtes Reiseziel empfehlen wollen, immer wird es unseren Gesprächspartner interessieren, was er dort erleben wird, was er dort unternehmen kann, wie er sich an diesem Ort fühlen wird. So sollten wir es ihm daher auch sprachlich vermitteln:

Nicht: „Es gibt dort die folgenden Angebote …“ und dann rattern wir den Inhalt des Prospektes herunter. Führen Sie Ihren Freund oder Kunden an den Ort des Geschehens, stellen Sie die Beziehung her: „Du kannst dort stundenlang in der Sonne Energie tanken. Du brauchst nur aus dem Haus zu gehen und stehst sofort auf einem herrlichen Sandstrand.“

Machen wir doch mit unserem Freund, mit unserem Kunden den Gedankensprung von den Möglichkeiten, die etwas für *alle* bieten, gleich direkt zum persönlichen Erlebnis für *ihn*. Dann wird er sich damit leichter und schneller identifizieren können. Jedoch nur mit Angeboten, die ihn wirklich interessieren. Wir werden also wieder einmal mit der unabdingbaren Notwendigkeit einer guten Bedarfsermittlung konfrontiert (Sie erinnern sich an den Gedanken „Wer recht erkennen will …“). Wenn wir noch so begeistert von dem schönen Golfplatz schwärmen oder die herrlichen Pferde anpreisen, werden wir keinen Eindruck erwecken, wenn unser Gesprächspartner weder vom Golf noch vom Reiten etwas wissen will. Wir erreichen möglicherweise sogar ein entsetztes Schaudern, weil er ein stabiles Vorurteil gegen Golfer und Reiter entwickelt hat, die er für arrogante und aufgeblasene Langeweiler hält und mit denen er um Himmels willen keinen Urlaub verbringen möchte.

Selbst ohne Vorurteile erhält der Gesprächspartner die Vorstellung, „Das ist nichts für mich, nur Angebote, die ich gar nicht nutzen will. Vielleicht zahle ich ja sogar indirekt diese für mich nutzlosen Möglichkeiten mit!“ Sie sehen also wiederum: Am Anfang steht eine sorgfältige Ermittlung der Wünsche und Bedürfnisse und dann erst können wir daran gehen, gezielte Angebote zu machen.

Anders, wenn Sie den Tennis spielenden Gesprächspartner geistig auf den gepflegten Tennisplatz stellen, wo er sich automatisch seinen Schläger siegreich schwingen sieht, weil er sich schon darauf freut, seinem Lieblingssport endlich ausgiebig frönen zu können.

Für uns hat diese Ausdrucksform noch einen weiteren Vorteil: Wenn wir uns unseren Freund, unseren Kunden, plastisch vorstellen, wie er seinen Urlaub genießt, dann versetzen auch wir uns in die Vorfreude des Erlebnisses. Wir werden überzeugender, begeisternder klingen und höchstwahrscheinlich werden uns auch alle Vorteile leichter einfallen, weil sie durch den Phantasiefluss aus dem Gedächtnis abgerufen werden.

Überprüfen Sie Ihre Argumentation in Zukunft auf diese Orientierung an Ihrem Gesprächspartner. Am Anfang werden Sie darüber nachdenken und sich um Sie- bzw. Du-orientierte Formulierungen bemühen müssen. Doch nach einiger Zeit wird sich Ihr Denken wirklich darauf einstellen – und Sie werden ganz automatisch mit Ihrem Kunden von seinen Vorteilen träumen:

- Nehmen Sie die Chance wahr, …
- Sie haben die Sicherheit, dass …
- Sie gewinnen dadurch …
- Sie sparen Zeit und Geld …
- Ihr Vorteil besteht darin …
- Darüber hinaus bieten wir Ihnen …
- Das bedeutet für Sie …

Tun Sie Gutes und reden Sie darüber

Sie haben Recht, es widerspricht unserer Erziehung, darüber zu reden, wenn wir Gutes tun. Dieser Druck zur (falschen) Bescheidenheit, der sich wie so manches als Unsinnigkeit entpuppt, ist jedoch nicht das Einzige, was sich in unsere Erziehung eingeschlichen hat und nicht richtig war.

Wenn wir jemandem etwas Gutes tun – im geschäftlichen Bereich sprechen wir dann von Kundenservice –, wollen wir ihm damit eine Freude machen bzw. einen Wert vermitteln. Wenn er sich jedoch darüber freuen soll, dann muss er auch bewusst feststellen, was ihm da geboten wurde. In unserer hektischen Zeit können wir aber nicht davon ausgehen, dass der Kunde, dass unsere Freunde es „ohnehin bemerken“, wenn wir uns bewusst angestrengt haben, um Besonderes zu leisten. Die Formulierung Ihrer Aussage soll Ihrem Gesprächspartner keinen Dank abverlangen, sondern zeigen, dass er Ihnen wichtig ist.

Es fängt damit an, dass Sie es aussprechen sollten, wenn Sie bewusst jemandes Lieblingsblumen gekauft haben. Nicht die erstbesten, nicht das Sonderangebot! „Ich weiß doch, dass du diese Blumen so gerne magst, daher habe ich diesen Strauß gekauft, um dir eine Freude zu bereiten.“

Selbst wenn Sie es noch gar nicht wissen, was die Lieblingsblumen Ihrer Freundin sind, sollten Sie nicht einfach wortlos einen Strauß Blumen mitbringen. „Ich wollte dir eine Freude machen, bitte sag mir, ob ich die richtigen Blumen gewählt habe. Ich möchte gerne wissen, welches deine Lieblingsblumen sind.“ Diese Aussage, die ganz deutlich sagt „Du bist mir wichtig“, macht die einfachsten Blumen zu einem kostbaren Bouquet. Sie stellt eine Beziehung her und damit erst wird aus einem beliebigen Strauß Blumen eine sehr persönliche Gabe.

Denken Sie doch einmal darüber nach, wie viele Missverständnisse vermieden werden könnten, wenn wir uns ein wenig mehr Mühe geben, unsere wohlgemeinten Handlungen auch durch entsprechende Aussagen zu begleiten und zu erläutern. Ein Blumenstrauß – begleitet von einer liebevollen Erklärung – wird dann wohl kaum dazu Anlass geben, gleich ein schlechtes Gewissen des schenkenden Ehemannes zu unterstellen.

In der Beziehung zum Kunden ist es nicht anders. Gerade in all den kleinen Alltäglichkeiten ist es wichtig, die positiven Handlungen und Gedanken auch sprachlich zu begleiten, weil sie sonst untergehen oder sogar missdeutet werden.

Nehmen wir ein ganz banales Beispiel: Sie verkaufen einem Kunden ein Gerät, für dessen Betrieb Batterien notwendig sind, die jedoch nicht im Produktpaket enthalten sind. Ihre selbstverständliche Serviceleistung ist es nun, zu sagen: „Sie benötigen für den Betrieb des Gerätes Batterien, hier haben Sie die passenden dazu!“ Möglicherweise denkt der Kunde bei Ihrer Aussage nur daran, dass Sie ein automatisches Zusatzgeschäft machen wollen, und wehrt genauso automatisch vorerst einmal ab. Wenn Sie dem Kunden sagen, dass Sie sich „auf seinen Stuhl gesetzt“ haben, wie z.B. wenn Sie hinzufügen: „Ich möchte Ihnen Ärger ersparen, wenn Sie zu Hause das Gerät in Betrieb nehmen wollen und feststellen, nicht die richtigen Batterien vorrätig zu haben“, denkt er bereitwilliger darüber nach, ob er sich nicht besser die Batterien kauft, auch wenn er möglicherweise irgendwo zu Hause noch welche finden könnte, und ist Ihnen für den Hinweis dankbar.

Wir sind nicht mehr grundsätzlich so unschuldig im Denken, dass wir bei allem gleich etwas Positives unterstellen, ganz im Gegenteil. Wenn Sie es also ehrlich meinen mit Ihren Kunden und Neuerungen, Verbesserungen zu deren Nutzen überlegen, dann sollten Sie ihnen Ihr positives Wollen und Tun auch deutlich machen.

Sagen Sie es Ihren Kunden – unaufdringlich und konsequent – und schaffen Sie damit eine Beziehung zwischen Ihrem Tun – Ihren Produkten, Ihren Leistungen, Ihren Zielen – und Ihren Kunden.

Die Umsetzung des Gedankens

Selbstverständlich ist die Ich-Perspektive aller Dinge einfacher und zugegebenermaßen die unwillkürlich erste Sicht aller Dinge. Im Zusammenleben und -arbeiten mit anderen muss unsere Egozentrik zurücktreten und einem Denken in der Gemeinschaft Platz machen.

Setzen Sie sich also mit der Sichtweise Ihres Gesprächspartners auseinander. Stellen Sie sich Ihren Freund oder Kunden in der Situation vor, mit der Sie ihn konfrontieren wollen. Je plastischer und deutlicher Ihnen das gelingt, umso besser werden Sie nachempfinden können, wie er/sie sich dabei wohl fühlen wird.

Beschreiben Sie, was Sie so visualisieren – sprechen Sie von den Möglichkeiten des anderen. Das veranlasst Ihren Gesprächspartner auch viel mehr, sich damit auseinander zu setzen, als wenn Sie lediglich von Ihrer Perspektive sprechen. Sie sprechen von seiner Sicht – da kann er kaum vermeiden, sich dem auch zu stellen.*

Sie werden Ihrem Gesprächspartner vielleicht manchmal Motive und Bedürfnisse unterstellen, gegen die er sich wehren wird. Nichts besser als das! Das gibt nun wiederum Ihnen die Chance, nachzuhaken und den anderen über seine Wünsche reden zu lassen.

Das bedeutet keine Aufgabe Ihres Ich. Sie lernen dabei eine Beziehung herzustellen zwischen Ihrem Wollen und dem Ihrer Umgebung. Sie lernen dabei zu sehen – und vor allem dies auch gegenüber anderen aufzuzeigen und sprachlich zu begleiten –, wie sich Ihre Wünsche und Ziele mit denjenigen anderer decken oder zumindest vereinbaren lassen.

36 … so musst dem Ding du Wert verleihen

Willst du dich deines Wertes freuen,
so musst der Welt du Wert verleihen.
Johann Wolfgang von Goethe (1749 – 1832),
deutscher Dichter

In Abwandlung von Goethes weiser Erkenntnis, dass wir nur den Wert ernten können, den wir der Welt verleihen, müssen wir auch unser Angebot mit einem Wert versehen, um damit erfolgreich zu sein.

Wie begegnen wir Menschen und Dingen, denen wir Wert zuerkennen?

Wir denken und handeln mit Achtung und Respekt. Wir sprechen Gutes und streichen die Vorzüge heraus. Werbung tut dies ständig – oft jedoch in einer so einhämmernden Form und mit solch plakativer Übertreibung, dass sich die Wirkung ins Gegenteil verkehrt. Mit dem Problem der Übertreibung beschäftigen wir uns gesondert beim nächsten Gedanken „Mega, ultra und Co.“.

Teil des Schöpfungsaktes, wie ihn die Bibel beschreibt, ist die Benennung aller Geschöpfe dieser Erde durch den Menschen – genau genommen durch den ersten Menschen, Adam. Dadurch, dass er ihnen einen Namen gab, wurden sie für Adam zu Individuen, traten aus der Masse heraus.

Durch die Bezeichnung eines Lebewesens, aber auch eines Produktes, wird es überhaupt erst benennbar und gewinnt somit an individueller Besonderheit. Eine Fachbezeichnung hat diesen tieferen psychologischen Sinn, um die Differenzierung zu ähnlich gestalteten Produkten hervorzuheben.

Daher sollten Sie Fachbezeichnungen durchaus verwenden, jedoch nicht als „Fachchinesisch“, dessen Kenntnis sie beim Gesprächspartner voraussetzen und durch das sie eine trennende Mauer zwischen Uneingeweihten und Eingeweihten errichten, sondern erklärend, im Sinne einer verbindenden Sprachregelung. „Diese geschmackvollen leichten Tops passen auch zum elegantesten Kostüm, daher haben die Designer für diese T-Shirts den Namen ‚City-Shirt‘ erfunden.“

Es ist mehr als eine Marotte, Dingen, an denen uns etwas liegt, einen Namen zu geben, wir geben ihnen damit so etwas wie eine Seele. An dem Haus mit dem schwungvollen Schild „Villa Sonnenschein“ merkt man die liebevolle

Beziehung der Besitzer zu ihrem Heim an vielen kleinen Details. Wer sein Auto liebevoll „Herby" ruft, wird es voll Stolz hegen und pflegen.

Spitznamen (außer sie sind herabmindernd gemeint) geben dem Inhaber eine Besonderheit und werden von diesem auch oft wie eine Auszeichnung gehandelt. „Nenn' mich Rollo, meine Freunde nennen mich so!"

Das Kosewort eines Lebenspartners bedeutet fast immer ein Zeichen besonderer Verbundenheit.

Doch Achtung! Es gibt Zauberworte, die eine ganze Melodie zum Klingen bringen, die positive Gefühle wecken, wenn wir sie hören. Es gibt aber auch das Gegenteil. Worte, die für uns negativ besetzt sind und es auch bleiben, egal wie sie verwendet werden.

Wenn ein Mann durchaus freundlich von seiner „Alten" spricht, ist die allgemeine Assoziation mit dem Begriff „alt" nicht eben schmeichelhaft. Sie wird es vielleicht tolerieren, weil sie weiß, dass er es nett meint. Dennoch wird ein Stachel stecken bleiben und wenn sie gerade vor einem Spiegel steht, wird sie die erste Falte in diesem Moment nicht übersehen können.

Anders die Tochter, die ein Leben davon zehrt, die „Prinzessin" ihres Vaters gewesen zu sein. Die Bezeichnung, der Name verleiht Wert.

Auch die richtige Verpackung kann den Inhalt aufwerten. Das ist der Sinn eines schön verpackten Geschenkes: zu zeigen, dass Sie damit Wertvolles verschenken wollten.

Wir mindern es herab, wenn wir es mit den Worten „Das ist nur eine Kleinigkeit!" übergeben. Wozu? Ist es nicht richtiger, den positiven Beweggrund dieses Geschenkes auszudrücken und es damit aufzuwerten:

„Es passt zu dir, …"

„Es hat mich an dich erinnert, …"

„Ich musste wissen, wie hübsch es an dir aussieht, …"

„Ich wollte dir eine kleine Freude machen, …"

„Es ist ein Gruß …" etc.

Unser Zeitalter des Überflusses hat unser Empfinden oft schon zugeschüttet. Wir fragen stetig nach dem Preis und können den Wert oft nicht mehr beurteilen. Andererseits hat es noch nie so viele Angebote gegeben, die das Leben reicher und schöner, bequemer, angenehmer, leichter, unkomplizierter, erfüllter machen können.

Ihnen als Verkäufer kommt die Aufgabe zu, das Einzelne aus der Masse zu heben und einem wahllosen Massenkonsum entgegenzuwirken, indem Sie den individuellen Wert herausstreichen.

Ihr Vorbild,

- Ihre Art, ein Produkt zu präsentieren,
- es zu verstehen – seine vielfältigen Funktionen und Vorzüge,
- es zu befühlen – es vorsichtig befühlen zu lassen,

macht es seinen Preis wert.

Aber auch in der Familie haben Sie die Chance, mehr aus Ihrem Leben zu machen als ein mehr oder weniger friedliches Miteinander. Wenn Sie Ihre Partnerin/Ihren Partner wie etwas Besonderes behandeln, leben Sie auch mit einem besonderen Menschen.

Leider ist nicht selten das Gegenteil der Fall. Männer sprechen mit einem leicht ironischen Unterton von der „besseren Hälfte" und sind bemüht, auf Kosten des Selbstwerts ihrer Partnerin ihre eigene Überlegenheit herauszustreichen.

Frauen revanchieren sich auf besonders subtile Weise und zielen dorthin, wo ein Mann besonders empfindlich ist – in den Bereich sexueller Potenz. Auch wenn es in einen Scherz verpackt ist, wie „Liebling möchtest du nicht Spargel bestellen, du weißt ja, du könntest es brauchen", trifft es den so lieblos Behandelten tief. Alle außer ihm am Tisch lachen, weil sie die Anspielung auf die mangelnde Potenz von „Liebling" sehr genau verstanden haben.

Meist geschieht dies aufgrund unausgesprochener Frustrationen und unterschwelliger Machtkämpfe innerhalb der Partnerschaft, die ihr Ventil in solchen Sticheleien und Demütigungen finden. Die herabmindernde Sprache löst das Problem nicht – dieses müsste ehrlich und offen zwischen den Partnern geklärt werden. Sie hinterlässt aber bei beiden ein schales Gefühl.

Anders schafft die wertschätzende Sprache ein Klima der Vertrautheit, innerhalb dessen Offenheit erst möglich wird, und wirkt nebenbei wie eine selbsterfüllende Prophezeiung. Durch das Hervorstreichen oder auch die charmante Übertreibung kleinster Vorzüge des Partners wird dieser veranlasst, diese guten Seiten an sich zu pflegen oder auch bemüht sein, sich das Lob erst so richtig zu verdienen.

Die Umsetzung des Gedankens

Wie können Sie dazu beitragen, der Welt mehr Wert zu verleihen?

Lösen Sie sich zuallererst von der gängigen zynischen Grundhaltung, in allem nur die Leere und das Negative zu sehen. Es entspringt der maßlosen Selbstüberschätzung des postmodernen Individualismus: das Leben als sinnleer und wertlos anzusehen, nur weil wir letztendlich sterben müssen, nur weil nicht jeder Einzelne weltweite Schlagzeilen verursachen und der Welt seinen Stempel aufdrücken kann.

Erkennen Sie Ihren ganz persönlichen Wert, schämen Sie sich nicht für Ihre Ideale und gestatten Sie auch Ihrem sozialen Umfeld, sich zu Träumen und Idealen zu bekennen. Es gibt viel mehr menschlichen und geistigen Wert, als die meisten von uns erwarten, weil er sich versteckt und im Verborgenen blüht.

Lernen Sie, die verborgenen Werte zu sehen und anzusprechen.

Das Gleiche gilt für Ihre Produkte und Leistungen, die Sie an Ihre Kunden herantragen. Sie alle dienen direkt oder indirekt dem Zweck, das Leben leichter, schöner, bequemer zu machen.

Wie können Sie diese Werte herausstreichen?

Machen Sie sich zur ständigen Erinnerung daran eine umfangreiche Liste, versehen Sie jedes Produkt mit seinem individuellen Wert und sprechen Sie die Liste mit Kollegen und Mitarbeitern durch. Sie werden dann nicht mehr das Gefühl haben, dem Kunden in einem übersättigten Markt noch weitere nutzlose Produkte andrehen zu müssen.

Ihre Aufgabe ist es, Ihrem Kunden durch den Dschungel des Massenangebotes hindurch zu den Produkten zu verhelfen, die ihm nützen und ihn erfreuen.

37 Mega, ultra und Co.

WER IN SEINEN WORTEN MASSLOS IST,
WIRD SIE SCHWERLICH IN DIE TAT UMSETZEN KÖNNEN.
KONFUZIUS,
LATINISIERTER NAME FÜR KUNG-FU-TSE
(551 – 479 V. CHR.),
CHINESISCHER PHILOSOPH

Vorsicht vor Übertreibungen – sie kehren sich oft ins Gegenteil.

Unsere Sprache liebt die Extreme, für den Mittelwert haben wir häufig gar keinen Begriff. Sie polarisiert und benennt die gegensätzlichen Enden einer Skala, die es in ihrer reinen Ausprägung oft gar nicht gibt: schlecht – gut, hässlich – schön.

Damit schafft die Sprache unrealistische Gedankenwelten: Es gibt zwar nichts, das aus allen möglichen Sichtweisen nur „gut" sein kann, wir tun aber so und verwehren einer Sache, einem Menschen das Attribut „gut", wenn wir auch nur den kleinsten Nachteil gefunden haben.

Wir übertreiben also schon aus der Natur unserer Sprache heraus. Doch das scheint noch nicht zu reichen – Marketing und Werbung haben noch zusätzlich das Zeitalter der Superlative ausgerufen.

Alles Mögliche und Unmögliche wird als „mega", „ultra", „Jahrhundert-", ja „Jahrtausendsache", Event etc. angeboten. Damit werden beim Konsumenten überzogene Erwartungen geschürt und das Frustrationserlebnis ist programmiert.

Die Sucht, zumindest im sprachlichen Ausdruck der Ankündigung bisher Dagewesenes zu übertrumpfen, löst auch beim Kunden die typischen Suchtsymptome aus. Um befriedigt zu sein, muss die Dosis immer stärker werden: alles noch billiger, noch mehr Zugaben, immer höhere Beträge in Gewinnspielen, Angebote im Mega-Pack fast geschenkt.

Damit kehrt es sich zum Verlustspiel für beide Seiten: Der Anbieter weiß nicht mehr, wie er seine Versprechen erfüllen soll, der Kunde ist enttäuscht und gelangweilt.

Jedes Mal, wenn ich in einer bekannten Supermarktkette an der Kasse warte, werde ich durch das überzogene Versprechen, „... lässt Sie nicht warten!“, das überall in riesigen Lettern prangt, erst daran erinnert, dass ich mich darüber ärgern sollte, weil noch viel Kunden vor mir ihre Artikel auf die viel zu kurzen Kassenförderbänder legen müssen, bis ich endlich selbst an die Reihe komme.

Die Zusage „Wir lassen Sie nicht warten“ wird noch dazu durch den Text darunter explizit entwertet, weil erst bei einer Schlange von mindestens sechs Personen die Öffnung einer weiteren Kassa versprochen wird. An der Kasse ein wenig zu warten empfinde ich normal – an jedem Engpass kommt es zu Stauungen. Die unrealistische Ankündigung macht mich erst sensibel gegenüber meinem täglichen Zeitverlust. Durch eine moderate Versicherung wie „Ihre Zeit ist uns wichtig! Um Ihre Wartezeit so gering wie möglich zu halten, eröffnet …“ wird das vermieden.

Es ist die gleiche Geschichte wie mit dem verdorbenen Gaumen, der durch Überreizung durch zuckersüße Limonaden, scharfen Senf und Ketchup, salzige und fettige Chips die Feinheiten einer wirklichen Gourmet-Küche nicht mehr wahrnehmen kann.

Immer mehr Menschen erkennen die Langeweile, ja den Ekel, der aus der geschilderten Übersättigung erwächst, beginnen umzudenken und suchen die feineren Töne, den Reiz im kleinen Detail, die persönliche Besonderheit.

Das gilt auch ganz besonders in privaten Beziehungen: Kraftvolle, positive Kommunikation braucht keine Übertreibungen, keine unerfüllbaren Versprechungen, keine überzogenen Bekenntnisse. Besinnen Sie sich im Umgang mit dem Partner, den Kindern, den Freunden wie auch den Kunden auf das schlichte Wort, die kleine Geste zur richtigen Zeit.

Die urige „Wollscherer-Jause“ in der Trachtenboutique macht neugierig und erinnert daran, dass die angebotenen Produkte einen natürlichen Ursprung und eine interessante Geschichte haben. Dazu reichen würziges Landbrot und ein paar ursprüngliche Schafsmilch-Produkte, die nicht im Supermarkt erhältlich sind.

Ein Kärtchen mit „Danke“ und ein paar nette Wiesenblumen hinter der Windschutzscheibe des Nachbarn für eine erwiesene Gefälligkeit bleiben diesem sicher mehr in Erinnerung als der kommentarlose Kasten Bier vor der Haustür. Es erfreut, aber verpflichtet nicht.

Muss ich noch erwähnen, wie viele Frauen so manch pompöses Geschenk des Ehemanns liebend gerne gegen drei kleine Worte eintauschen würden?

Ersetzen wir also „irre“, „super“ oder gar „ursuper“ durch nuancenreiche Ausdrücke, über die unsere Sprache verfügt.

Haben Sie darüber nachgedacht, dass Ihre Frau nicht nur „toll“ aussieht, sondern dass Sie die mädchenhafte Geste lieben, mit der sie die glänzenden Naturlocken aus dem Gesicht streicht, dass der freundliche Schalk in ihren Augen Sie anzieht, dass die liebliche Linie ihres Nackens Sie ständig zum Streicheln einlädt …. – und haben Sie es ihr jemals so gesagt?

(Das gilt aber auch für Sie, meine Damen, auch Männer wollen mehr sein als ein „toller Hecht“, und das auch gelegentlich hören!)

Die Umsetzung des Gedankens

Wo tendieren Sie zu Übertreibungen?

Damit ist nicht der gelegentliche Überschwang von Begeisterung und Engagement gemeint, der uns zum Gebrauch von Superlativen hinreißt, sondern jene stereotypen Sätze oder Wortkombinationen, auf die wir besonders dann zurückgreifen, wenn wir meinen, Begeisterung zeigen zu müssen, ohne sie wirklich zu empfinden bzw. ohne eigentlich richtig hinzuhören.*

Ein Kunde oder gar Ihr Partner/Ihre Partnerin fühlt sich zu Recht nicht ernst genommen, wenn er/sie von Ihnen als Kommentar „Das ist ja super!“ bekommt, am Tonfall und Ihrer Körpersprache aber erkennen kann, dass Sie es gar nicht so empfinden.

Eine moderatere Aussage, wie „Das klingt gut“, steht nicht im Widerspruch zu Ihrer inneren Einstellung und fordert Ihren Gesprächspartner maximal heraus, Ihnen noch deutlicher zu schildern, was Großartiges sich da ereignet hat oder ihm/ihr gelungen ist.

Superlative schaffen eine unrealistische Erwartungshaltung, ein moderates Understatement (Untertreibung) hat den Vorteil, dass die Realität auch eine gehobene Erwartung übertreffen kann und es damit zu einem positiven Überraschungseffekt kommt.

38 Das Märchen von der Vernunft

WAS DEM HERZEN WIDERSTREBT,
LÄSST DER KOPF NICHT EIN.
ARTHUR SCHOPENHAUER (1788 – 1860),
DEUTSCHER PHILOSOPH

„Die Vernunft sei immer der Leitfaden deines Lebens!“ Mit diesem oder anderen Stammbuchsprüchen werden wir darauf trainiert, unsere Entscheidungen vernunftmäßig zu rechtfertigen und „Vernunftgründen“ stets zugänglich zu sein.

„Gefühlsentscheidungen“ werden als minderwertig angesehen und wir lernen uns dafür zu entschuldigen, wenn wir uns von Gefühlen haben leiten lassen.

Bereits beim Gedanken „Wir leben von Träumen und Visionen“ haben wir uns damit auseinandergesetzt, dass Gefühle unsere ganz persönlichen „Vernunfturteile“ über unsere Umwelt darstellen. Sie sind die Grundlage einer „subjektiven“ Vernunft, die mit einer „objektiven“ Vernunft – also einer gesellschaftlichen Konvention darüber, was logisch und sinnvoll ist – nicht übereinstimmen muss, ja nicht gleich geartet sein kann, weil jeder Mensch seine individuellen Bedürfnisse hat und persönliche Ziele verfolgt.

Wir nehmen die Welt mit unseren Sinnen wahr. Jede neue Wahrnehmung wird aufgrund bisheriger Erfahrungen analysiert und ergänzt und einer gefühlsmäßigen Bewertung unterzogen. Erinnern Sie sich an den Gedanken „Wie wirklich ist die Wirklichkeit?“

Ohne die Führung der Gefühle hätte der Verstand keine Grundsätze und keine Kraftquellen. Alle Energie kommt aus unserem Wünschen und Wollen und unsere emotionalen Urteile zielen im Grunde immer auf den Schutz der persönlichen Würde und unserer Selbstachtung. Was auch immer das Ziel und die besonderen Strategien sein mögen – ob man bloß Ansichtskarten sammeln oder ganz Amerika beherrschen will –, Gefühle betreffen die persönliche Stellung, die Selbstachtung und den Standort in der eigenen Welt.

Was den Menschen auszeichnet, ist die Fähigkeit der Reflexion, d.h. die Fähigkeit, über sich, seine Handlungen und auch seine Gefühle nachzudenken. Denken ist transparent gemachtes Fühlen.

Warum reite ich auf diesem Punkt herum?

Weil wir durch eine krampfhafte „Versachlichung“ aller Bereiche an uns selbst und unseren Mitmenschen vorbeigehen. Ein Zulassen, Wahrnehmen und eine Akzeptanz unserer Gefühle führt zu mehr Respekt vor den eigenen Gefühlen sowie vor denen anderer.

Wir neutralisieren und entkoppeln so viel wie möglich von jeglichem persönlichen Bezug. Unsere Gefühle hingegen sind selbstbewusst, sie gehen vom Ich aus, vom Standpunkt, von dem aus wir über unsere Welt und andere Menschen urteilen. Wenn Sie bei sich und anderen etwas erreichen wollen, dann müssen Sie die Emotionen ansprechen, von denen ein Großteil im Unbewussten* schlummert.

Das fängt dabei an, dass Sie sich von der versachlichenden Sprache verabschieden und sich einfach, direkt und lebendig ausdrücken: „Das Kleid ist waschbar und bügelfrei“, klingt trocken und unpersönlich.

„Sie brauchen das Kleid nur mit der üblichen Buntwäsche mitzuwaschen und können es schon wieder anziehen“, klingt lebendig und spricht die ungeliebte Vorstellung eines Bügelbretts und eines Bügeleisens bei Ihrer Kundin erst gar nicht mehr an.

An der Zusicherung einer automatischen Belichtung und Entfernungseinstellung bei der Fotokamera erfreuen sich heutzutage nur noch wenige Freaks. Der Großteil fühlt sich dadurch mehr angesprochen, wenn Sie versichern: „Die Kamera macht alles für Sie, Sie brauchen sich nur mehr auf die schönen Erinnerungsbilder zu konzentrieren, die Sie vom Urlaub mitnehmen wollen.“

Sie sprechen von Urlaub, von schönen Erinnerungen – das ist es, was wir suchen, nicht die Fotokamera, die wir nur als lästiges Gepäckstück ständig mitschleppen müssen, weil wir schöne oder uns wichtige Momente festhalten wollen.

Als Juwelier geben Sie den Ring, für den sich eine Kundin interessiert, ihrem Begleiter in die Hand, damit er ihn ihr überstreift. Sie sprechen dadurch die emotionelle Bedeutung an, die mit dem Schenken eines Ringes verbunden ist.

Fragen Sie Ihre Gäste im Restaurant nicht, ob alles in Ordnung war. „Hat es Ihnen geschmeckt und waren Sie mit unserem Service zufrieden?" spricht die individuellen Empfindungen an.

Ersetzen Sie die sachliche Frage „Passt es?", wenn Ihre Kundin im neuen Kleid aus der Kabine kommt, durch „Wie fühlen Sie sich in diesem Kleid?". Dass ein Kleid passt, ist noch lange kein Argument, es auch zu kaufen, wohl fühlen will sich Ihre Kundin in einem neuen Kleidungsstück.

Kommen Sie Ihren Kindern nicht ständig mit Vernunftgründen und wundern sich dann, dass Sie immer weniger zu ihnen „durchkommen".

Gerade junge Menschen müssen ihre Gefühle erst einmal richtig kennen und damit umgehen lernen, um das „Urteil ihrer Gefühle" zu verstehen. Sie sind auf der Suche nach ihrer Identität und alles, was dieses Bestreben unterstützt, wird bei ihnen ankommen, alles, was sie zusätzlich verwirrt, werden sie nicht an sich heranlassen.

Die Umsetzung des Gedankens

Lösen Sie sich von dem Zwang, alles „sachlich" ausdrücken zu müssen und „objektiv" zu sehen. Lassen Sie Gefühle als gleichberechtigte Partner der Vernunft zu. Trainieren Sie Gefühle an sich und anderen wahrzunehmen und sprechen Sie die Gefühle Ihrer Mitmenschen an. Fangen sie damit in Ihrer nächsten Umgebung an.

Fragen Sie Ihre Partnerin: „Wie fühlst du dich?" und nicht nur, weil Sie selbst schlecht geschlafen haben: „Wie geht's denn dir?"

Wenn Ihre Tochter freudestrahlend mit einem guten Zeugnis winkt, sollte es nicht bei dem sachlichen „Das hast du gut gemacht!" bleiben. Nehmen Sie sie in den Arm und drücken Sie die eigenen Gefühle aus: „Du hast mich glücklich gemacht!"

„Ich freue mich, das zu hören!" ist mehr als „Das ist eine gute Nachricht!". Das wusste der Überbringer der Nachricht höchstwahrscheinlich selbst. Dass Sie sich freuen, ist die willkommene Information!

Doch auch, wenn es um negative Gefühle geht, werden diese besser ausgesprochen: „Dein Zuspätkommen hat mich verletzt. Als ich da so dumm herumgestanden bin, habe ich mich allein und verlassen gefühlt.“ So ausgedrückt kann der Partner verstehen, was die 15 Minuten Verspätung für Sie bedeutet haben.

Es gibt an jedem Tag mindestens zehn Gründe, die Gefühle Ihrer Mitmenschen anzusprechen – einige Male am Tag sollte es Ihnen gelingen.

39 Wenn du eine Frau gewinnen willst, amüsiere sie

DIE GESELLSCHAFT MÖCHTE LIEBER UNTERHALTEN SEIN
ALS UNTERRICHTET.
ADOLF FREIHERR VON KNIGGE (1752 – 1796),
DEUTSCHER JURIST, BEAMTER UND SATIRIKER

„Amusez une femme, et vous l'aurez!" war der französische Romancier Henri Stendhal überzeugt – und er musste es wissen. Er war stets von den schönsten Frauen umgeben, obwohl er sich nicht gerade eines attraktiven Äußeren erfreuen konnte. Jedoch – Stendhal hatte Charme und Humor.

Wir dürsten nach Unterhaltung und Amüsement, sie sind die Würze unseres Lebens. Die Werbung setzt das bewusst ein: die erfolgreichsten Werbespots sind kein fades Loblied auf die Vorzüge des beworbenen Produkts, sondern sie erzählen humorvolle Geschichten oder überraschen uns durch ungewöhnliche Gedankenverbindungen.

Das Schmunzeln, das ein solcher Spot in uns auslöst, macht es uns wert, immer wieder hinzusehen, wenn er läuft: Wir kennen ihn auswendig (Kunststück, er dauert ja nur wenige Sekunden) und wir lachen längst nicht mehr darüber – allein die Erinnerung an den Spaß beim ersten Mal gibt immer wieder ein angenehmes Gefühl.

Was hat Humor im Verkauf zu suchen, fragen Sie?

Das ist leider eine Frage, die in ähnlicher Form für die meisten Lebenssituationen immer wieder gestellt wird: Was hat Humor und Lachen mit dem Beruf zu tun? Mit der Erziehung? Mit dem Lernen? Ist Humor und Lachen beschränkt auf die Soap Operas im Fernsehen und vielleicht noch auf eine Geburtstagsparty? Ist so die allgemeine gesellschaftliche Einstellung zur „Freude"?

Freude ist „minderwertig" – denken Sie an die Qualifizierung des „Lustspiels", die Unterscheidung von E- und U-Musik. Was ist die ernster zu nehmende Kunst? Soll die „E-Musik" nicht auch primär der Freude dienen?

Freude ist „suspekt": „Was steht dahinter?", „Ist das wohl ehrenwert?", „Was könnten daraus für Folgen entstehen?"

Wurden Sie nicht auch oft als Kind gerügt, dass Sie „übermütig“ sind, wenn Sie einfach lustig und ausgelassen waren?

Häufig können die Erwachsenen die Freude – den Anlass zur Freude – eines Kindes nicht teilen oder akzeptieren. Daher wird unsere Freude als Kind nicht mit Beachtung beantwortet, sondern subtil entwertet.

Denken Sie an den Fall, wo Sie selbst als Kind in freudigster Hochstimmung zu Ihrem Vater kamen, um ihm zu zeigen, wie Sie eine Aufgabe gelöst, eine hübsche Kleinigkeit gebastelt hatten. Sie haben dadurch selbst das Hochgefühl erlebt, Ihre bisherigen Grenzen weiter hinausgeschoben zu haben. Was hat Ihr Vater getan – voll Liebe doch in voller Verkennung der Situation? Er hat Sie gelobt und Ihnen gezeigt, wie man es noch besser machen kann; oder er hat gar gesagt: „Das Haus hast du ganz wunderbar gemalt, aber das nächste Mal zeichnest du diesen Strich hier gerade!“ Sie erinnern sich an die Abwertung durch das Wörtchen „aber“? (Siehe auch den Gedanken „Der Zauber positiver Worte“.) Ihr Flow*-Erlebnis war dahin. Wenn Sie ein sehr sensibles Kind gewesen sind, dann kann es sein, dass sich Ihre Emotionen bis hin zur Scham gewandelt haben.

So haben wir gelernt, dass Freude nicht einfach erlebt, gelebt werden darf. Die nicht in das Freudeerlebnis einbezogene Umwelt fordert eine Erklärung ein. „Was gibt es da zu lachen, was gibt es da sich zu freuen?“

Ja und dann gibt es noch jenen kollektiven Sadismus, der die Freude verbietet, weil es so schlecht um die Welt bestellt sei. Unsere Nachrichten bringen täglich Schreckensmeldungen über viel Leid auf der Welt. Wie können – wie dürfen wir uns da am Leben erfreuen?

Ist diese Einstellung richtig, gesund – muss das so sein?

Geht Ihnen das Lachen nicht auch oft ab? Kennen Sie nicht auch den stimulierenden Energieschub, den Freude und Lachen erzeugen? Es gibt noch ein gewichtiges Argument dafür, dass Freude und Lachen nicht aus dem Verkauf verbannt bleiben dürfen: Bei Emotionen der Freude verändert sich unser Gemeinschaftsbewusstsein. Sind wir freudig gestimmt, sind wir viel eher in der Lage, auf andere Menschen zuzugehen und zu kommunizieren. Wir denken nicht stetig nach – wir sind einfach.

Und wir werden großzügig – anderen und uns selbst gegenüber. Untersuchungen haben eindeutig bewiesen, dass freudig gestimmte Menschen viel lockerer mit dem Geld umgehen. Ist das keine Herausforderung, Humor auch in Ihr Verkaufsgespräch einziehen zu lassen?

Wenn Sie in Gesellschaft ein Gläschen getrunken haben, dann sind Sie viel lockerer und lustiger? Dann können Sie auch humorvolle Bemerkungen machen, über die andere herzlich lachen können? Sie sollen ja nicht den Clown spielen, geben Sie einfach Ihrer Spontaneität* mehr Raum. Schlucken Sie humorvolle Bemerkungen, die Ihnen sicher immer wieder einfallen, nicht ängstlich hinunter, sondern sprechen Sie diese aus.

Jedoch: Humor darf nicht auf Kosten anderer ausgelebt werden – d.h., wir sprechen hier nicht von der skurrilen Form, die meint, dass das Lachen in der Demütigung und Erniedrigung anderer zu suchen sei.

Amüsement liegt im Besonderen, Außergewöhnlichen einer Situation, in den kleinen „Hopplas" des Alltags, in der Fähigkeit, sich über sich selbst lustig zu machen, in der Gelegenheit, den Spieltrieb auszuleben.

Der Klassenlehrer meiner Tochter begann seine Rede zur bestandenen Reifeprüfung mit den Worten: „Jetzt bin ich so nervös, wie es unsere jungen Damen und Herren beim Abitur waren. Weil ich erstens ungeheures Lampenfieber habe und zweitens eine rhetorische Flasche bin, bitte ich Sie mir zu gestatten, die vorbereitete Rede vom Blatt zu lesen!" Die bei einem Lehrer kaum erwartete Fähigkeit, sich über sich selbst lustig zu machen und das noch dazu in einer der meist steifen und von Weihrauch gesättigten Feierstunden brachte ihm einen großen Lacherfolg ein. Damit fand seine brillante und humorvolle Rede begeisterten Anklang, die er überdies kaum lesen musste, weil auch seine Nervosität weggelacht worden war.

Die Umsetzung des Gedankens

Sie meinen, es gibt so viele humorlose Menschen, die in den Keller lachen gehen? Haben Sie es ausprobiert oder ist das die Entschuldigung für Ihre eigene Humorlosigkeit?

Schauen Sie sich doch in einem dieser modernen Kabaretts um und beobachten Sie, wie die Menschen bereits auf die leiseste Andeutung eines Scherzes lachen – einfach weil Sie lachen wollen und weniger, weil die Darbietung so umwerfend ist. Menschen dürsten geradezu nach einer Gelegenheit zu lachen. Und im täglichen Leben dürfen sie es zu selten.

Damit können auch moderne Kabarettisten behaupten, Lacherfolge zu landen, wenngleich sie leider allzu häufig nur andere gehässig abwerten. Die Zuschauer lachen meist nicht, weil ihnen das gefällt, sondern weil sie lachen wollen (manchmal wohl auch aus Verlegenheit!).

Wenn Ihnen ein gutmütiger Scherz einfällt, sprechen Sie ihn aus. Denken Sie nicht lange darüber nach, wie er wohl aufgenommen werden wird.

Unterhalten Sie Ihren Kunden, indem Sie ihn mit einbeziehen und spielerisch Möglichkeiten durchprobieren lassen: Zeigen Sie Ihrer Kundin nicht nur einfach die neuesten Kleider, sondern stellen Sie sie vor einen Spiegel und lassen Sie Ihre Kundin erleben, wie das Kleid wohl an ihr aussieht.

Geben Sie Ihrem Kunden den Bleistift in die Hand und lassen Sie ihn skizzieren, wie sein Bad aussehen soll, für das er nun ein neues Waschbecken sucht. Nehmen Sie ihm die Scheu davor, weil er glaubt, nicht richtig zeichnen zu können, indem Sie die Skizze selbst mit einem Strichmännchen in der Badewanne beginnen.

Indem Sie mehr Spontaneität, Kreativität und Humor zulassen, erleben Sie auch selbst mehr Spaß an Ihrem Tun.

40 Anatomie einer Botschaft

DINGE WAHRZUNEHMEN
IST DER KEIM DER INTELLIGENZ
LAOTSE (EHER 6., NACH ANDEREN QUELLEN
4. ODER 3. JAHRHUNDERT V. CHR.),
CHINESISCHER PHILOSOPH, BEGRÜNDER DES TAOISMUS

Kommunikation spielt sich auf unterschiedlichen Ebenen ab. Missverständnisse entstehen, wenn Sender und Empfänger sich nicht bewusst werden, dass sie von unterschiedlichen Ebenen aus aufeinander zugehen.

Der Kommunikationspsychologe Friedemann Schulz von Thun hat dazu ein sehr anschauliches Erklärungsmodell entwickelt, um Nachrichten und die individuelle Reaktion darauf in ihrer Komplexität begreifen zu können und praktische Lehren daraus zu ziehen.

Nehmen wir einen banalen, alltäglichen Satz. Ihr Arbeitskollege Hans sagt zu Ihnen:

- „Die Kaffeekanne ist leer!“

Ihre Reaktion darauf kann nun sein:

- „Kein Kaffee mehr da!“
- „Du trinkst zu viel Kaffee!“
- „Wie wäre es, wenn du dich einmal selbst darum kümmern würdest?“
- „Ich mach gleich frischen!“

Diese hier angeführten Antwortbeispiele stehen für Ihre Reaktion auf unterschiedlichen Kommunikationsebenen.

Die Botschaft von Hans beinhaltet:

Einen **Sachinhalt**: Es ist kein Kaffee mehr in der Kanne. Wenn Sie auf diesen Sachinhalt hinhören und darauf reagieren, werden Sie wahrscheinlich eine weitere Sachinformation beisteuern, nämlich, dass der Kaffee ausgegangen ist.

Seine Nachricht sagt aber auch indirekt etwas über seine Person aus, wie „Ich hätte gerne einen Kaffee“, sonst wäre ihm die leere Kaffeekanne einer Erwähnung nicht wert gewesen. Schulz von Thun nennt das die

Selbstoffenbarung der Nachricht. Hans offenbart seine Wünsche und Standpunkte.

Wenn Ihre Antwort an Hans Ihre Missbilligung seines Ihrer Meinung nach zu großen Kaffeekonsums beinhaltet, dann haben Sie offenbar den Selbstoffenbarungs-Inhalt seiner Botschaft aufgenommen. Mit Ihrer Antwort: „Du trinkst zu viel Kaffee!" geben Sie wiederum von Ihrer Seite die Selbstoffenbarung ab: „Ich will dir einen guten Rat geben, ich mache mir Sorgen um deine Gesundheit", möglicherweise aber auch „Ich mische mich gerne in anderer Leute Angelegenheiten ein".

Die vier Worte von Hans geben auch einen Hinweis auf seine **Beziehung** zu Ihnen. Hans ist offenbar der Ansicht, dass Sie für den Kaffee zuständig sind, eventuell sogar, dass Sie Ihre Verantwortung dafür, dass immer Kaffee da ist, vernachlässigt haben.

Wenn Sie auf diesen Beziehungs-Inhalt eingehen, dann werden Sie sich vielleicht dagegen wehren und Hans auffordern, sich selbst einmal um den Kaffee zu kümmern, womit sie ihm auf der Beziehungsebene mitteilen: „Ich bin nicht zu deiner Bedienung da!"

Letztendlich – meint Schulz von Thun – hat jede Nachricht noch einen Aufforderungscharakter, einen indirekten **Appell**. Er dient dazu, auf den Empfänger Einfluss auszuüben und ihn zu einer Handlung, einem Gedanken oder auch einem Gefühl zu veranlassen. Hier schwingt der Wunsch „Mach Kaffee, damit ich mir auch einen nehmen kann!" indirekt mit.

Wenn Sie zu den Menschen gehören, die auf Appelle anspringen, werden Sie auf die einfache Mitteilung „Die Kaffeekanne ist leer" mit der Bereitschaft, gleich etwas dagegen zu unternehmen, reagieren.

Die Nachricht jedes Senders beinhaltet also:

- **Sachinhalt** – worüber er informiert
- **Selbstoffenbarung** – was er von sich selbst kundgibt
- **Beziehung** – was er vom Empfänger hält und wie beide zueinander stehen
- **Appell** – wozu er den Empfänger veranlassen möchte

Nun ist der Empfänger dran, die Nachricht mit den notwendigen vier Ohren zu entschlüsseln. Dabei hat er grundsätzlich die Auswahl, auf welche Nachricht er reagieren will – denken Sie an die tendenziell vier möglichen Reaktionen auf unser Kaffee-Beispiel.

Zu Schwierigkeiten kommt es, wenn Sender und/oder Empfänger auf dem einen oder anderen Ohr „taub“ sind, d.h. ihnen gewisse Inhalte nicht bewusst werden oder sie das Gewicht auf unterschiedliche Aspekte legen.

Hans braucht dringend eine Tasse Kaffee und stellt mit Enttäuschung fest, dass die Kaffeekanne leer ist. Sie antworten ihm schnippisch: „Wie wäre es, wenn du dich einmal selbst darum kümmern würdest!“ und leiten damit das Gespräch auf die Beziehungsebene. Hans ist nicht bewusst, dass sein missmutiger Ton auf der Beziehungsebene als Vorwurf missverstanden werden konnte, und fühlt sich nun seinerseits ungerecht angegriffen und von Ihnen im Stich gelassen. Er will ja nichts anderes als schnell eine Tasse Kaffee. Seine Antwort wird dementsprechend sein und die Luft wird dick.

Je nachdem, welches seiner „vier Ohren“ der Empfänger gerade vorrangig auf Empfang geschaltet hat, nimmt das Gespräch einen sehr unterschiedlichen Verlauf.

Es ist wichtig, alle „vier Ohren“ offen zu halten und erst einmal alle vier Inhalte zu entschlüsseln, um eine Nachricht in ihrer Gesamtheit aufnehmen zu können. Unsere Reaktion darauf können wir dann individuell und unseren Wünschen entsprechend gestalten. Wir laufen dann nicht mehr Gefahr, die Beweggründe unserer Antwort mit den Motiven des Senders zu vermischen und zu verwechseln.

Genauso muss es dem Sender bewusst sein, dass er auf vier Ebenen sendet und dementsprechend auch mit Reaktionen auf allen vier Ebenen rechnen muss. Es gibt Menschen, die sehr stark auf den Appell-Inhalt ansprechen und damit Verwirrung stiften, weil sie in vorauseilendem Gehorsam bereits Maßnahmen setzen, die der Sender nicht mit den damit verbundenen Konsequenzen auslösen wollte.

Hiezu ein klassisches Beispiel aus dem Verkauf: Der Kunde steht vor einer Entscheidungssituation und ist unentschlossen. Seine Bemerkungen werden in Bezug auf den Appell-Charakter von dem bemühten Verkäufer missverstanden. Der Appell des Kunden: „Hilf mir bei der Entscheidung“ wird vom Verkäufer damit beantwortet, dass er ihm stolz weitere Produkte präsentiert und damit die Auswahl weiter erschwert.

Die Umsetzung des Gedankens

Testen Sie Ihre „vier Ohren", damit Sie erkennen können, auf welchem Ohr Sie eventuell schwerhörig oder gar taub sind oder welche Inhalte von Ihnen stärker wahrgenommen werden als andere.

Analysieren Sie dazu ganz banale Situationen.

Welche Antwort geben Sie ganz impulsiv? Sprechen Sie tendenziell auf einen Inhalt mehr an als auf andere?

Das Ziel ist, auf allen vier Ohren möglichst gleich gut zu hören, um

- *als Empfänger einer Nachricht in der Lage zu sein, diese zu analysieren und erst dann dem eigenen Gesprächsziel entsprechend in der Kommunikation fortzufahren;*
- *als Sender sich bewusst zu sein, welche Inhalte man mit einer Äußerung übermittelt.*

Im Verkaufsgespräch ist die Selbstoffenbarung des Kunden von besonderer Bedeutung, hilft sie Ihnen doch, die Motive und Wünsche besser zu erkennen und Anhaltspunkte für gezielte Fragen bei der Bedarfsermittlung zu erhalten.

41 Die Meisterschaft des Zuhörens

MAN KANN AUF EINE ART ZUHÖREN,
DIE MEHR WERT IST ALS DAS GEFÄLLIGSTE,
WAS MAN SAGEN KANN.
CHARLES JOSEPH, FÜRST VON LIGNE (1735 – 1814),
ÖSTERREICHISCHER FELDMARSCHALL UND DIPLOMAT

„Sag mal, hörst du mir überhaupt zu?"

„Ja, wieso? Selbstverständlich!"

„Gut, dann wiederhole mir bitte meine letzten Sätze!"

Ertappt!

Kommen Sie auch manchmal in solch peinliche Situationen?

Es ist ein Unterschied, ob wir das Zuhören pro forma betreiben, den Mund halten und innerlich abschalten. Vielleicht warten wir ja lediglich darauf, bis wir als Nächste dran sind mit dem Reden. Das jedenfalls ist formales Zuhören, wenn wir überhaupt von Zuhören sprechen dürfen.

Das Zuhören, das der Gesprächspartner von uns mit Recht erwartet, ist aktives, teilnehmendes Zuhören. Es bedeutet, wir wollen uns mit dem wirklich auseinandersetzen, was der andere sagt.

Aktives Zuhören bedeutet auch, die nicht mit Worten geäußerten Gefühle herauszuhören – also auf Stimme, Tonfall, Körpersprache etc. zu achten. Dementsprechend kann es trotz aktiven Zuhörens geschehen, dass wir die Testfrage „Wiederhole mir meine letzten Sätze" nicht einwandfrei bestehen können. Zuhören heißt aufnehmen, umsetzen um zu verstehen – es ist ja kein Auswendig-Memorieren eines Textes. Das ist der Grund, warum wir auch bei genauestem Hinhören selten den exakten Wortlaut wiederholen können, wenngleich wir verstanden haben, was der andere gesagt hat, und das mit eigenen Worten wiedergeben können.

Die Fähigkeit zuzuhören hat daher auch nichts mit einem geschulten guten Gedächtnis zu tun, vielmehr jedoch mit echtem Interesse, mit Einlassen auf den Gesprächspartner.

„Hörst du mir überhaupt zu?" ist daher auch die ernsthafte Frage „Interessiere ich dich überhaupt?"

„Der Zuhörer ist ein schweigender Schmeichler“, formulierte es schon Immanuel Kant, der große Philosoph des 18. Jahrhunderts.

In unserer hektischen Zeit, in der viele mit Konzentrationsschwäche zu kämpfen haben, hat sich eine schlechte Gesprächskultur eingebürgert. Aussagen werden auf den Tisch geknallt, keiner geht auf die Aussage des anderen ein, sondern setzt einfach seine entgegen.

Erinnern Sie sich an den Gedanken „Warum kannst du mich einfach nicht verstehen?“ Um auf das einzugehen, was Ihr Gesprächspartner gesagt hat, sollten Sie sich angewöhnen, es mit eigenen Worten zu wiederholen. Die Griechen nannten das die Paraphrase und Sokrates machte es zum Prinzip des Dialogs.

Beim aktiven Zuhören nutzen Sie die Zeit, während der andere spricht, um herauszufinden, was Ihr Gesprächspartner sagen will. Der Tonfall, die Stimmlage, der Gesichtsausdruck spiegeln wider, wie ihm zumute ist. Erst dieser mitschwingende Gefühlsanteil gibt dem sprachlichen Text seine eigentliche Bedeutung.

Ihr Kunde wird selten direkt ausdrücken, was ihm an Ihrem Angebot missfällt. „Ich werde es mir überlegen!“ Nur seine Mimik und sein Tonfall verraten sein Desinteresse. Aktives Zuhören versucht nun, diesen mitschwingenden Gefühlsanteil in Worte zu kleiden. „Unser Angebot trifft nicht Ihre Bedürfnisse. Bitte sagen Sie mir, was Ihnen missfällt, dann kann ich etwas Passendes für Sie finden.“ Damit gehen Sie darauf ein, was Ihren Gesprächspartner wirklich beschäftigt. Jeder möchte ernst genommen und respektiert werden. Wahrzunehmen, dass jemand wirklich zuhört, tut ungeheuer gut.

Zuhören erfordert Geduld und die Bereitschaft, selbst einmal den Mund zu halten und nicht gleich bei jedem passenden Stichwort das Gespräch an sich zu reißen. Ein Gespräch und ganz besonders ein Kundengespräch im Verkauf ist für den Gesprächspartner eine Gelegenheit zur Selbstdarstellung – sich als Person und alles das, was einem wichtig ist, zu präsentieren.

Diese Selbstdarstellung formuliert die eigene Identität und poliert den Selbstwert. Man spricht über seine Fähigkeiten, Erfolge, darüber, was man sich leisten kann, über das, worauf man stolz ist, die Kinder, Haustiere. Dazu braucht man einen Zuhörer, auch wenn man dabei ebenso zu sich selbst spricht. Das Verkaufsgespräch, in dem der Kunde seine Bedürfnisse ja ausdrücken soll, fordert eine solche Selbstdarstellung geradezu heraus und der Verkäufer ist der ideale unbelastete Gesprächspartner. (Er kann ja nicht wie Tante Jetti ins Wort fallen: „Na tu nicht so, als wärst du ein so guter Skifahrer, hast du dir vergangenes Jahr in Lech nicht gleich am ersten Tag den Fuß gebrochen?")

Für den Verkäufer bietet die Selbstdarstellung seines Kunden Ansatzpunkte, um Komplimente machen zu können, und Stichworte für passende Fragen der Bedarfsermittlung. Allerdings muss er als Mensch in der Lage sein, die fremde Selbstdarstellung „auszuhalten", ohne sie ganz automatisch mit seiner eigenen zu beantworten oder irritiert abzuwürgen. Besonders wichtig wird aktives Zuhören, wenn es gilt, Missstimmung und Verärgerung herauszuhören und ausgleichend anzusprechen.

Sie kommen spät. Ihre Partnerin empfängt Sie mit den Worten: „Hast du den Weg doch noch nach Hause gefunden?" Der Tonfall drückt aber aus, wie wütend sie darüber ist. Wenn Sie nun mit einem „Es zieht mich eben immer wieder nach Hause!" beschwichtigend auf den humorvollen Ton eingehen, auf den unterdrückten Ärger Ihrer Partnerin aber überhaupt nicht, ist die Wahrscheinlichkeit groß, dass dieser Ärger endgültig zum Ausbruch kommt.

Es gehört ein wenig Mut dazu, negative Gefühle direkt anzusprechen. Dahinter steht immer das Drohgespenst eines Streits. Wenn Sie Ihrer Partnerin das Recht zugestehen, ärgerlich auf Sie zu sein – „Du bist sauer, weil ich so spät komme" –, dann kann das bereits ausreichen, um den Druck entweichen zu lassen.

Die Umsetzung des Gedankens

Analysieren Sie Ihr Verhalten beim Zuhören:

- *Lassen Sie andere ausreden?*
- *Haben Sie die Geduld, den Gesprächspartner seine Gedanken selbst ausformulieren zu lassen, oder ergänzen Sie gleich seine Sätze, wenn er eine Pause macht?*
- *Gelingt es Ihnen, sich selbst zurückzuhalten, oder sprechen ständig Sie?*

- *Nehmen Sie sich die Zeit, sich auf den anderen zu konzentrieren?*
- *Sind Sie mit den Gedanken noch bei anderen Aufgaben?*
- *Beobachten Sie Ihren Gesprächspartner, um seine Körpersprache zu verstehen?*
- *Halten Sie den Blickkontakt, damit der Gesprächspartner Ihre Aufmerksamkeit auch wahrnimmt?*
- *Bestätigen Sie auch immer wieder Ihre Zustimmung oder Ihr Verständnis durch einige zustimmende Worte oder deutliche Körpersprache Ihrerseits?*
- *Stellen Sie Verständnis-Rückfragen?*
- *Sprechen Sie wahrgenommene Gefühlsregungen, besonders wenn sie negative Gefühle darstellen, ausdrücklich an?*

42 Die Kette zum Ziel

Es ist noch nicht genug, eine Sache zu beweisen,
man muss die Menschen zu ihr auch noch verführen.
Friedrich Nietzsche (1844 – 1900),
deutscher Philosoph

Wenn ein „Ja“ in einem Gespräch fällt, gibt es für die beteiligten Gesprächspartner ein angenehmes Gefühl. „Ja“ ist Zustimmung, ein Funken von Gemeinsamkeit und gegenseitigem Verstehen.

„Nein“ bedeutet das Gegenteil und lässt uns immer irgendwie besorgt aufhorchen, wenn es irgendwo ausgesprochen wird.

Das wusste schon der griechische Philosoph Sokrates, der 470 – 399 vor Beginn unserer Zeitrechnung in Athen lebte und wirkte. Sokrates war für die Mächtigen seiner Zeit keineswegs ein angenehmer Zeitgenosse, stellte er mit seinem kritischen Hinterfragen von bislang unangetasteten Überzeugungen doch vor allem auch Macht und deren Legitimität in Frage. Seinen Widersachern gelang es schließlich, ihn wegen Staatsgefährdung zum Tode zu verurteilen; man zwang ihn, Selbstmord zu begehen durch den berühmten Schierlingsbecher – einem Trunk aus unreifen Früchten des auch bei uns heimischen gefleckten Schierlings.

Für die Verbreitung seiner philosophischen Ideen jedoch suchte Sokrates den Konsens und den Zugang zur Bevölkerung, insbesondere zur Intelligenz des Landes.

Als Sokrates-Methode verstehen wir hier den dialektischen Kunstgriff, über eine Kette des Konsenses, der Gemeinsamkeiten zum Ziele zu kommen. Sokrates überzeugte seine Gesprächspartner von der eigenen Ansicht, indem er sie über eine Kette von Fragestellungen selbst zur gewünschten Schlussfolgerung führte.

Das heißt, man spricht in dieser Kette von Fragen alle jene Punkte an, über die man bereits Einigkeit erzielt hat oder bei denen eine Zustimmung zu erwarten ist, und versichert sich dieser Zustimmung durch eine ausdrückliche Frage, auf die der Gesprächspartner mit „Ja“ antworten muss.

Dadurch erhält der Gesprächspartner das Gefühl weitestgehender Übereinstimmung der Meinungen und das Empfinden, in seinen eigenen Überzeugungen bestätigt und verstanden zu werden.

Ein „Ja“ eines potenziellen Kunden auf Ihre Frage überbrückt die Gegensätze und stellt Sie auf die Seite des Kunden. Ein „Ja“ eines Freundes schafft Nähe.

Leider wissen wir meistens besser, was wir nicht wollen, als was wir tatsächlich wollen. Unser Denken scheint ständig damit beschäftigt zu sein, zuerst einmal alles auszusortieren, was wir ablehnen. Aufgrund der vielfältigen Möglichkeiten, die uns das Leben bietet, und der ständigen „Qual der Wahl“ durchaus verständlich. So gesehen, sogar eine sinnvolle Denktechnik.

Doch auch eine negative Auswahl kann positiv formuliert werden: „Ich habe Sie also richtig verstanden, dass Sie kräftige Farben Pastelltönen vorziehen?“ Das starke, kräftige „Ja“, das Sie darauf erhalten, schafft eine bessere Gesprächsatmosphäre als ein hartes, schneidendes „Nein“, das auf die Frage „Sie mögen also Pastelltöne nicht?“ zwangsläufig kommen muss.

„Wenn ich ohnehin weiß, was der Kunde will, warum soll ich das nochmals abfragen? Das ist doch überflüssig!“ halten Sie entgegen.

Das ist es nicht – aus drei Gründen:

Argument 1: Verständnisfragen – also die Rückversicherung, ob Sie Ihren Gesprächspartner richtig verstanden haben, vermitteln die Botschaft „Ich will Sie/dich verstehen!“. Wir alle wollen nichts sehnlicher als verstanden werden.

Argument 2: Es ist die Bestätigung, dass Ihnen Ihr Gesprächspartner auf dem richtigen Weg zum Ziel folgt. Sie erinnern sich an unsere Definition von Verkauf? „Verkauf ist die Fähigkeit, anderen Menschen zu helfen, den *Nutzen Ihres Angebotes für sich zu erkennen.*“ Ihr Gesprächspartner bewegt sich mit jedem „Ja“ auf eine Frage Schritt für Schritt auf Ihr Angebot zu und Sie machen ihm mit jedem „Ja“ einen Aspekt seines Nutzens bewusst.

Argument 3: Der beste Beweis ist der Konsens. Schlussfolgerungen, die Ihr Gesprächspartner selbst zieht, brauchen Sie nicht zu beweisen.

Die Umsetzung des Gedankens

Viele der Fragen, die wir täglich stellen, dienen dazu, Gewissheit herzustellen, d.h. wir erwarten eine bestimmte Antwort.

„Du hast doch noch nichts gegessen?"

Üblicherweise achten wir nicht darauf, ob wir die Frage positiv (ein „Ja" erwartend) oder negativ formulieren. Um eine Fragekette im Sinne des Sokrates konstruieren zu können, sollten Sie jedoch geübt sein, die Fragen so zu formulieren, dass das erwartete Ergebnis „Ja" ist.

„Du bist doch sicher noch hungrig?"

Wenn Sie sich angewöhnen, mit geschlossenen Fragen (Ja-/Nein-Fragen) die Bejahung durch den Gesprächspartner zu suchen, werden Sie über die richtige Fragestellung nicht mehr nachdenken müssen. Bei den Trainingsfragen mag das unbedeutend sein:

„Du trinkst doch keinen Kaffee mehr?"

„Du trinkst doch jetzt Tee anstelle von Kaffee?"

Bei Fragen, die schrittweise zu Ihrem Ziel führen sollen, macht es einen großen Unterschied:

„Dieses Handy sagt Ihnen nicht zu?"

„Dieses Handy kann ich also in die engere Wahl nehmen?"

43 Auf der Suche nach der verlorenen Sinnlichkeit

WAS DU MIR SAGST, DAS VERGESSE ICH,
WAS DU MIR ZEIGST, DARAN ERINNERE ICH MICH,
WAS DU MICH TUN LÄSST, DAS VERSTEHE ICH.
KONFUZIUS (KUNG-FU-TSE, 551 – 479 V. CHR.),
CHINESISCHER PHILOSOPH

Wer spricht schon von „Sinnlichkeit" in unserem alltäglichen Trott? Das Wort klingt verheißungsvoll – und irgendwie nach etwas, das wir in unserer Tageshektik verdrängen.

Sinnlichkeit – was ist das? Schwingt dabei nicht etwas von Sex und Erotik mit?

„Die Sinnlichkeit ist die passive Empfänglichkeit der Seele für von außen erfolgende Eindrücke im Gegensatz zum Verstand und der Vernunft, d.h. der Fähigkeit zur aktiven Verarbeitung jener", meint dazu Meyers Konversationslexikon.

Oder einfacher: Der Mensch ist ein sinnliches Wesen – alle Sinne empfangen ständig Botschaften und Reize der Umwelt. Dadurch orientieren wir uns, darauf reagieren wir mit Empfindungen der Lust oder Unlust.

Wir negieren diese Tatsache gerne und glauben, uns direkt an den Verstand unserer Mitmenschen wenden zu können – vergessend, dass wir auch dieses nur mittels ihrer Sinne tun können. Ohne zumindest ein Hinhören oder Hinsehen zu erreichen, kommen wir nicht zu ihnen durch. Die übrigen Sinne vergessen wir. Danach gefragt, kommen wir bei der Aufzählung bereits leicht ins Stottern und versuchen verzweifelt, uns an die Biologiestunde der Grundschule zu erinnern.

Es sind *unsere* Sinne – unser Zugang zur Außenwelt –, sie sind der Ursprung unseres Lustempfindens, sie sollten auch unserem Verstand vertrauter sein!

Ich werde hier jedoch keine Diskussion über die Körper-(Sinnes-)Feindlichkeit unserer Erziehung vom Zaun brechen. Ich will Sie aber ermutigen, die Sinnlichkeit in ihrer ganzen möglichen Empfindungsfülle in den Verkauf – in den Dienst der Vermittlung Ihrer Botschaft mit einzubeziehen.

Sprechen Sie die Sinne Ihrer Kunden, Ihrer Gesprächspartner an – je mehr, desto eindringlicher werden diese das aufnehmen, was Sie vermitteln wollen.

Sex sells – Sex verkauft!?

Das ist nur bedingt richtig. Meist wird Sex wie eine Holzhammermethode angewendet, um die Aufmerksamkeit der Zuschauer zu erreichen. Das Augenmerk liegt dabei auf dem die Fantasie anregenden sexuellen Geschehen auf Plakat, Leinwand oder Bildschirm. Das Produkt selbst geht dabei meist unter, d.h. die sinnliche Verbindung zum Produkt wird selten erreicht. Der Zuseher interessiert sich für den sexuellen Anreiz, kann jedoch in den seltensten Fällen sagen, für welches Produkt man ihn nun gewinnen wollte.

Richtiger wäre: Sinnlichkeit verkauft!

Die Erotik der gezähmten Kraft eines vibrierenden Sechszylindermotors unter der sanften Wölbung einer schwarzen Motorhaube gezielt eingesetzt, bewirkt mehr als das hübscheste nackte Model. Es lenkt die Begierde in die richtige Richtung – der Luxuswagen kann und soll gekauft werden – nicht das Model.

Sinnlichkeit darf nicht auf Sex und Erotik reduziert werden. Damit wird zweifelsohne die stärkste Sinnesempfindung des Geschlechtstriebes angesprochen, eine Übersättigung lässt die Wirkung jedoch auch leicht in Ablehnung umschlagen.

Sinnlichkeit bedeutet die Aufnahmefähigkeit aller unserer Sinne: Sehen, Hören, Riechen, Schmecken, Fühlen, Tasten, Temperaturempfinden, Bewegungsempfinden.

Zwischen einem flüchtigen Hinsehen und genauer genussvoller Betrachtung liegen Welten. Zeigen Sie Ihre Produkte richtig, kehren Sie Details hervor, lassen Sie Ihren Kunden sich an der Komplexität ergötzen, sich von der Verspieltheit des Designers anstecken. Dazu müssen Sie sich Ihre Produkte jedoch erst einmal wirklich anschauen: Ist Ihnen die kleine Stickereiverzierung am Halsausschnitt der Sportbluse überhaupt schon aufgefallen?

Hochwertige Gläser erlauben ein klangvolles Anstoßen, intelligente Küchengeräte schnurren vergnüglich vor sich hin und heben sich wohltuend von schmerzhaften Lärm erzeugenden Billigprodukten ab. Das kann man nicht erklären – das muss man hören.

Den unverwechselbaren Harzgeruch haben eben nur Holzmöbel, dadurch holt man sich ein Stück Wald und Natur ins Haus. Öffnen Sie die Schranktüren, damit Ihr Kunde daran schnuppern kann.

Reizen Sie die Geschmackssinne durch kleinste Probehappen. Selbst ausprobieren geht über die blumigste Anpreisung.

Die Haut ist unser größtes Sinnesorgan und bietet vielfältige Empfindungen. Ein Anfassen mag die Erwartung „hart", „fest", „kraftvoll", „schwer" – oder auch „leicht", „weich", „nachgiebig" bekräftigen.

Um Textilien aus „Mikrofaser" zu schätzen, muss man sie befühlt – besser noch anprobiert haben, um möglichst viel davon „hautnah" zu erleben. Wenn es Ihnen gelingt, Ihre Kundin im neuen Kleid einige Minuten vor dem Spiegel festzuhalten, wird sich auch das Temperaturempfinden verkaufsfördernd auswirken: Das Kleidungsstück wird inzwischen die Körpertemperatur der potenziellen Käuferin angenommen haben, sich damit wohliger anfühlen. Die Trägerin würde es dann am liebsten anbehalten. („Wollen Sie es gleich anbehalten?" ist dann eine gute Abschlussfrage.) Das gilt nicht nur für Kleidung, sondern ganz besonders auch für Uhren und Schmuck. Ein sanft baumelndes Ohrgehänge ist nicht nur ein hübscher Effekt, sondern streichelt seine Trägerin an einer besonders sinnlichen Hautregion.

Schließlich finden sich Sinneszellen in den Muskeln, Sehnen und Gelenken, die Informationen über unsere Bewegungen an das Gehirn weitergeben. Dadurch erfahren wir, was unser Körper gerade macht, und so werden Bewegungen zu sinnlichem Erleben – im Tanz, Spiel und Sport bewusst ausgelebt.

Bewegen Sie also Ihren Kunden in der umfassenden Bedeutung dieses Wortes: Lassen Sie ihn mitgehen, mit anfassen, mittun, wo immer es möglich ist – aktivieren Sie ihn!

Als ich in einem Seminar Reifenverkäufern dazu riet, Frauen zu ersuchen, das Reifenprofil zu befühlen, stieß ich auf anfängliches Unverständnis. „So ein Unsinn!", war bei vielen die erste Reaktion. Dennoch probierten es einige aus und wenden es jetzt als ganz wesentliches Überzeugungsargument an. Wenn die Kundinnen die strukturierte Reifenoberfläche anfassen, können sie sich leicht vorstellen, wie sich das Profil in den Schnee krallt. Die technische Erklärung bekommt damit ein begreifbares Bild.

Qualität lässt sich häufig sinnlich erleben. Streichen Sie mit der Hand über die Oberfläche hochwertiger Holzmöbel. Öffnen Sie den Schrank und lassen Sie ihre Finger am Rande der verstellbaren Regalfächer entlanggleiten. Wenn die Preisdifferenz zu Billigprodukten ehrlich begründet ist, werden Sie das an Ihren Fingerspitzen fühlen können, und Möbelverkäufer sind gut beraten, sich dieses sinnlichen Arguments zu bedienen.

Die Umsetzung des Gedankens

Analysieren Sie in einem Brainstorming mit Kollegen, welche Möglichkeiten Sie haben, die verschiedenen Sinne Ihrer Kunden, Patienten etc. anzusprechen.*

Machen Sie dazu eine Liste und versuchen Sie einmal ernsthaft, einen Bezug zu jedem unserer Sinne herzustellen. Sie werden dabei vielleicht auch Negativbezügen auf die Spur kommen: Eine Reihe neuer Produkte riecht nicht gut (Appreturen, die erst ausgewaschen werden müssen, Imprägnierungen, Staubgeruch etc.); dem können Sie durch ein ausgleichendes Raumaroma entgegenwirken (siehe den Gedanken „Atmosphärische und andere Störungen"). Verpackungen verhindern das taktile Erlebnis (eine Attraktivität des „Wühltisches" ist das aktive Anfassen und Fühlen), für den Kunden sollte daher Anfühlbares zur Verfügung gestellt werden.

Schaffen Sie Bereiche, wo sich der Kunde spielerisch selbst mit den Produkten auseinander setzen, sie anfassen und probeweise in ihrer Funktion erleben kann.

44 Nein? – Jetzt wird's aufregend

LICHT FINDET SEINE FARBENFÜLLE
ERST IM WIDERSTAND DER WOLKEN.
RABINDRANÂT TAGORE (1886 – 1941),
INDISCH-BENGALISCHER DICHTER UND PHILOSOPH,
NOBELPREIS FÜR LITERATUR 1913

Kommunikation erfährt ihre Bewährungsprobe erst, wenn die Partner nicht hundertprozentig übereinstimmen. Erst dann wird Kommunikation zum interessanten Abenteuer, weil es um mehr geht, als einander zu bestätigen.

Ein „Nein" ist *die* Herausforderung!

Sie widersprechen heftig?

Für Sie ist „Nein" bedrohlich, Sie empfinden es wie eine persönliche Ablehnung? Sehr viele Menschen scheuen das „Nein", sehr viele Verkäufer nehmen das „Nein" eines Kunden persönlich, ziehen sich irritiert zurück und haben gar keine Lust, dagegen zu argumentieren.

In persönlichen Beziehungen herrscht die irrige Ansicht, dass es zwischen Menschen, die sich nahe stehen, keine gravierenden Meinungsverschiedenheiten geben darf. Nicht einer Meinung zu sein wird als beziehungsgefährdend eingestuft und heikle Themen werden meist tabuisiert. Damit haben wir verlernt, uns über unterschiedliche Anschauungen auseinander zu setzen und den Spaß am verbalen Wettstreit auszukosten.

Dementsprechend habe ich in meinen Seminaren Mühe, Verkäufer von der Wichtigkeit der Frage „Waren Sie mit meiner Beratung zufrieden?" zu überzeugen. Den Planern eines Möbelgeschäftes legte ich nahe, die Kunden ganz dezidiert nach ihrer restlosen Zufriedenheit zu befragen: „Haben wir damit alle Ihre Wünsche erfüllt und sind Sie mit unserer Planung zufrieden?" – „Was mache ich, wenn er ‚Nein' sagt?", platzte ein Seminarteilnehmer sofort heraus.

Nun, wenn Sie danach gefragt haben, haben Sie die Chance es zu erfahren, falls der Kunde unzufrieden ist. Wenn Sie nicht gefragt haben, erfahren Sie es zwar nicht, aber die Tatsache der Unzufriedenheit bleibt bestehen und wird vom Kunden höchstwahrscheinlich in negativen Referenzen ausgelebt.

Wenn Sie es erfahren, direkt vom Kunden und nicht hintenherum über eine negative Nachrede, dann haben Sie die Chance, etwas dagegen zu tun. Unterdrücken Sie Ihre erste Reaktion – „Himmel, was habe ich falsch gemacht?“ – und fragen Sie ganz einfach: „Was kann ich tun, um Sie zufrieden zu stellen?“. In neun von zehn Fällen wäre eine Schuldfrage gar nicht eindeutig zu klären, aber sie ist auch gar nicht gefragt! Was können Sie tun, um das Ziel, die Zufriedenheit des Kunden zu erreichen? Allein das ist gefragt.

Noch nicht überzeugt?

Dann erzähle ich Ihnen dazu einen Graf-Bobby-Witz:

„Sag mal“, fragt Graf Rudi, „wie macht man es, Frauen erfolgreich anzusprechen? Ich hätt′ da eine im Auge, aber ich weiß nicht …“

„Siehst du“, antwortet Graf Bobby, „ich mach das so: Ich erzähle jeder, wie schön sie ist, und stelle dann ganz einfach die Frage: ‚Darf ich mit Ihnen ein erotisches Abenteuer erleben?‘“

„Aber das kann man doch nicht machen“, entrüstet sich Graf Rudi. „Du wirst doch viele ‚Nein‘ bekommen?“

„Ja, das schon“, gibt Graf Bobby zu, „aber ich habe auch viele erotische Abenteuer!“

Wie entsteht ein „Nein“? Nennen wir es vielleicht besser „Widerstand“, denn um solche nicht endgültige „Nein“ geht es hier. Hier gilt es zu unterscheiden zwischen Vorwand und Einwand.

Der feine, aber entscheidende Unterscheid ist am besten durch ein Beispiel illustriert: Eine Kundin hält höchst interessiert einen roten Mantel in der Hand, dann fällt ihr Blick auf das Preisschild: 1500 Euro. Mit den Worten „Rot steht mir nicht!“ will sie den Mantel wieder zurückhängen.

Die Verkäuferin, die den verstohlenen Blick nicht wahrgenommen hat, argumentiert, dass Rot doch wunderbar zu ihrem herrlich schwarzen Haar passt, und bittet die Kundin, den Mantel doch einfach einmal zu probieren. Sie hat den Vorwand der Kundin nicht erkannt und versteht nun nicht, warum die Kundin immer vehementer ablehnt, je besser sie argumentiert. Die Kundin kann oder will sich die 1500 Euro nicht leisten und fühlt sich daher gerade durch gute Argumente der Verkäuferin in ihrer ablehnenden Haltung bedroht, weil sie ja auch ihren eigenen Wunsch bekämpfen muss.

Wenn die Verkäuferin aufmerksam war und den Vorwand errät, zeigt sie der Kundin einen hübschen beigen Mantel, der 800 Euro kostet. Vielleicht hat sie diesen sogar in rot und verkauft dieses Rot als einen anderen, besser passenden Farbton. Ist sie gefühllos und gedankenlos, dann rutscht ihr heraus: „Wir haben da auch etwas Günstigeres!", und sie verletzt damit das Selbstwertgefühl ihrer Kundin.

Unsere Gesprächspartner haben leider kein Lämpchen auf der Stirn „Achtung, Vorwand!". Wir müssen schon genau beobachten und gut zuhören.

Gegen Vorwände anzugehen ist sinnlos. Die Argumente müssen immer unsinniger werden, weil sie ja in eine falsche Richtung abzielen – und umso aggressiver wird der Gesprächspartner sich dagegen wehren, weil er von anderen Voraussetzungen aus denkt und empfindet. Wer kennt nicht den berühmt-berüchtigtsten aller Vorwände: „Ich habe Kopfweh, Liebling, ich will heute nicht!"?

Mit Kopfschmerztabletten werden Sie da nicht helfen können. Höchstwahrscheinlich aber mit dem vertrauensvollen Angebot: „Du kannst mir ruhig sagen, dass du nicht in Stimmung bist." Vielleicht ist es möglich, durch ein offenes Gespräch aktuelle Stimmungstöter zu beseitigen und erotisches Knistern zu entfachen, oder der Abend endet zumindest in traulichem Einvernehmen und nicht in gegenseitiger Frustration.

Konflikte entstehen, weil wir zu viel behaupten und zu wenig fragen. Wir setzen einer Behauptung eine andere entgegen. Wenn wir auf Widerstand stoßen, gilt es erst einmal den wahren Grund zu finden. Dann erst können Sie argumentieren und die dahinter liegenden Gefühlsargumente mitnehmen.

Sie können niemanden überzeugen. Sie können nur Argumente und Beweise bringen, die Ihren Gesprächspartner veranlassen, seine Meinung zu ändern bzw. sich selbst zu überzeugen.

Wie wollen Sie beispielsweise jemanden vom herrlichen Geschmack einer Orange überzeugen? Sie können nur erreichen, dass derjenige in die Frucht beißt und sich selbst überzeugt. Dazu brauchen Sie die Argumente, die bei ihm ziehen: „Wenig Kalorien, sättigt, durch hohen Vitamin-C-Gehalt anregend und energiespendend" wird beim figurbetonten Erfolgstypen ankommen. „Vitaminlieferant, stärkt die Abwehrkräfte und ist nahrhaft" wird dem Gesundheitsfanatiker wichtig sein.

Die Umsetzung des Gedankens

Warum sollen Sie sich herausgefordert fühlen? Nur weil es „Nein" gibt, brauchen wir Verkäufer!

Hat ein „Nein" auch für Sie einen negativen Beigeschmack? Dann arbeiten Sie an Ihrer generellen Haltung gegenüber Widerständen. Sie werden dadurch persönlich nicht in Frage gestellt – Sie erhalten lediglich die Einladung zu einem sportlichen Match, das Ihre Fähigkeit zu denken und fühlen trainiert.

Ein Spiel mit klaren, einfachen Regeln. Wer gut beobachtet und geschickt fragt, gewinnt.

Spielen Sie doch mit!

45 Es kommt auf die Sekunde an (nicht nur bei einer schönen Frau)

ZWISCHEN ZU FRÜH UND ZU SPÄT
LIEGT IMMER NUR EIN AUGENBLICK.
FRANZ WERFEL (1890 – 1945),
ÖSTERREICHISCHER DRAMATIKER UND ROMANAUTOR

„Immer diese Entscheidungen!" Kennen Sie diesen Stoßseufzer?

Es ist zwar schön, die Wahl zu haben. Die Entscheidung selbst ist aber ernst zu nehmende Mühe.

Wie so vieles ist auch Wählen ambivalent*. Es bedeutet immer auch verzichten. Auch wenn wir scheinbar keine Handlungsalternative haben, bleibt uns immer noch die Möglichkeit, nicht zu handeln.

Selbst dann, wenn Sie mir überhaupt nur einen einzigen Akku-Schrauber anzubieten haben, habe ich dennoch das Verzichtsdilemma: Ich verzichte darauf, bei der Konkurrenz vielleicht ein noch besseres, passenderes oder auch günstigeres Gerät zu finden oder ganz einfach, weiterhin Schrauben mit der Hand hineinzudrehen und das so gesparte Geld für tausenderlei anderes zur Verfügung zu haben.

Da Entscheiden mit Stress und Mühe verbunden ist, sind wir auch nicht immer dazu bereit. Manche Menschen schieben Entscheidungen ständig vor sich her, wie sie das auch mit anderen unangenehmen Aufgaben machen.

Ganz allgemein gesehen, setzen wir dann eine Handlung, wenn der Anstoß zu dieser Handlung größer ist als die Widerstände dagegen. Das trifft selbstverständlich auch auf den Entscheidungsakt zu.

Anstoß, eine Entscheidung zu treffen, ist

- der Wunsch, etwas zu besitzen, zu nutzen etc. Daher ist es auch leichter, etwas zu verkaufen, was der Kunde gleich mitnehmen kann, als etwas, das erst später geliefert wird;
- ausreichende Information zu besitzen, um eine gute und richtige Entscheidung treffen zu können;
- Entscheidungsdruck: d.h. die Wahlmöglichkeit geht verloren, wenn nicht gleich entschieden wird („Angebot nur heute gültig!").

Entscheidungshemmnisse sind

- Informationsunsicherheit,
- das Verzichtsdilemma (ein Hinauszögern der Wahl zögert auch den Verzicht hinaus),
- unangenehme Folgen einer Entscheidung (Anstehen an der Kassa, Ware abholen müssen, Transportprobleme).

Sie sehen, es ergibt sich daraus ganz klar die Sekunde, auf die es ankommt. Wird diese nicht genützt, können die Entscheidungshemmnisse wieder überhand nehmen und die Entscheidung wird vertagt, wenn nicht gar fallen gelassen.

Wenn alle ihre Terminkalender gezückt haben, dann ist es Zeit, den Termin für das nächste Meeting zu fixieren. Die offenen Kalender der Gesprächsteilnehmer sind ganz deutliche „Kaufsignale": Jetzt sind wir bereit, uns auf einen gemeinsamen Termin festzulegen. Auch wenn es im Moment schwierig erscheint, alle unter einen Hut zu bekommen, Sie sollten die Entscheidung nicht verschieben, sonst ist das nächste Treffen womöglich überhaupt in Frage gestellt.

„Was kostet nun das Gerät in dieser Konfiguration?", „Mit welcher Wäsche kann ich die Hose mitwaschen?", hurra! Dem Kunden wird es ernst, das sind deutliche Kaufsignale. Die Waschanleitung interessiert nur, wenn er die Hose geistig schon angezogen hat. Der Kunde fragt nicht nach dem Preis, wenn ihn das Gerät nicht interessiert. Wenn Sie als Verkäufer ungefragt vom Preis sprechen, dann allerdings haben Sie dieses deutliche Kaufsignal bereits irgendwann im Laufe des Gesprächs verspielt.

Wenn Sie diesen Zeitpunkt „übergehen" und weitere Argumente, Fakten oder gar Entscheidungsmöglichkeiten anbieten, entsteht neuerlich Unsicherheit und Entscheidungsunwilligkeit.

Jetzt ist Ihre seriöse Hilfe zur Entscheidung erwünscht: „Habe ich Sie richtig verstanden, ...", und Sie lassen die Schritte noch einmal Revue passieren, die zur Fokussierung auf ein bestimmtes Angebot geführt haben. Entscheidungshilfe heißt selbstverständlich nicht, die subjektive Meinung aufzudrängen. „Ich würde das gelbe Kleid wählen.", „Ich habe mir selbst diesen Staubsauger gekauft." Die Beweggründe für die Entscheidung kommen aus der Selbstdarstellung des Kunden. Wenn wir diese nicht zugelassen oder auch nicht zugehört haben, fehlen uns jetzt die Argumente.

Um bei der Entscheidung wertvolle Hilfe leisten zu können, müssen Sie zuhören, beobachten und die richtigen Fragen stellen, um analytisch schrittweise die Wahlmöglichkeiten reduzieren zu helfen. Häufig ist die erste Wahl – das spontane Hingreifen – letztendlich auch die entscheidende Wahl, wenn es eine intuitiv umfassende Entscheidung auf der Basis einer guten Bedarfsermittlung ist. Frauen wollen jedoch eine Alternative und fragen meistens: „Was haben Sie noch?". Wenn Sie das bedenken, werden Sie einer Frau bei annähernd gleichwertigen Angebotsmöglichkeiten als Erstes die zweitbeste Wahl anbieten. Dann können Sie Ihr Angebot durch die bessere Alternative noch steigern und damit den Anstoß zur Entscheidung verstärken.

Selbstverständlich muss der Kunde selbst entscheiden, wir dürfen uns jedoch nicht feige aus der Entscheidungshilfe hinausstehlen. Der Mitverantwortung entkommen Sie auch dann nicht, wenn Sie ihn durch unterlassene Hilfestellung eine schlechte Entscheidung für sich treffen lassen: Der Kunde geht Ihnen und Ihrem Unternehmen verloren.

„Kaufsignale" im übertragenen Sinn gibt es in jedem Gespräch, das mit der Absicht geführt wird, vom Gesprächspartner irgendetwas zu erreichen. Wenn Sie sich von Ihrem Freund Geld borgen wollen, wird er wissen wollen, was er unmittelbar davon hat: Welche Probleme wendet er mit seiner Hilfe von Ihnen ab oder zu welcher Freude kann er beitragen, weil Sie sich etwas Besonderes dadurch leisten können? Vielleicht stellt sich auch die Frage einer Zinsentschädigung. Weiters braucht er die Informationen, woher Sie das Geld nehmen werden, um es ihm wie und wann zurückzuzahlen. Wenn Ihr Freund nun fragt: „Wann brauchst du das Geld?", dann ist das ein deutliches „Kaufsignal", dass er zu einer Entscheidung bereit ist. Wenn Sie nun den Fehler machen, noch ein Schäufelchen nachlegen zu wollen, und ihm erzählen, was Sie schon alles versucht haben, um sich das Geld zu leihen, und, und … dann kann es leicht passieren, dass er unsicher wird, überlegt, ob er nicht vielleicht selbst das Geld bald brauchen könnte, und … es sich zumindest noch einmal überlegen will.

Kinder haben ein sehr gutes Gefühl für den richtigen Augenblick, sie wissen meist genau, wann Sie fragen müssen: „Bekomme ich nun die neuen Schuhe oder soll ich zu Tante Steffi die alten anziehen?"

Die Umsetzung des Gedankens

Scheuen Sie sich nicht, im richtigen Moment von sich aus die Abschlussfrage anzusprechen, z.B. „Welche Informationen fehlen Ihnen noch für eine Entscheidung?".

Wenn die Entscheidung reif ist, dann sollte sie auch getroffen werden. Wenn nun der Kunde von sich aus keine Kaufsignale setzt, können auch Sie die Entscheidungsphase einleiten, z.B. „Einen Moment, ich kläre gleich für Sie ab, ob wir das Produkt auf Lager haben oder wann wir liefern können!". Wenn der Kunde Sie jetzt nicht abstoppt – „Nicht nötig!" –, dann ist das ein deutliches Indiz für sein ernsthaftes Interesse.

Das Gleiche gilt im privaten Gespräch. Bringen Sie es zu einem Abschluss und lassen Sie nicht zu, dass Ihr Gesprächspartner im Entscheidungsdilemma einfach das Thema wechselt. Sie können eine Entscheidung zwar nicht erzwingen und Sie sollten es auch nicht versuchen. Das Ergebnis des Gesprächs jedoch sollte klar sein:

- *Ja, Sie haben Ihr Ziel (oder einen Kompromiss) erreicht.*
- *Nein, Sie haben Ihr Ziel nicht erreicht – die Gründe dafür sind klar und ausgesprochen und es entsteht dadurch kein dunkler Schatten über der weiteren Beziehung zum Gesprächspartner.*
- *Das Ergebnis ist offen, die Entscheidung wurde verschoben. Bitten Sie Ihren Gesprächspartner, Ihnen zu sagen, bis wann Sie mit einer Entscheidung rechnen können. Gelingt Ihnen das nicht, dann haken Sie das Gespräch als ergebnislos ab und versuchen Sie lieber zu einem späteren Zeitpunkt einen neuen Start.*

46 Der Wahn ist kurz, die Reue lang …

DER STARKE ZWEIFELT VOR DER ENTSCHEIDUNG,
DER SCHWACHE DANACH.
UNBEKANNT

Die Entscheidung ist gefallen. Der Kunde hat sich für Ihr Produkt, damit jedoch auch gegen alle anderen Möglichkeiten entschieden.

Steht die Entscheidung auf schwachen Beinen, kommen jetzt die Zweifel, ganz besonders bei jenen Menschen, die ohnehin entscheidungsschwach sind oder auch über ein geringes Selbstwertgefühl verfügen. Denn nun gilt es, die Entscheidung gegenüber dem eigenen Umfeld zu verteidigen.

Dem Gesprächspartner muss auch nach seiner Entscheidung noch bewusst sein, warum er sich so und nicht anders entschieden hat.

Wenn es Ihnen gelungen ist, Ihrem Kunden zu einem Produkt zu verhelfen, von dem er restlos überzeugt ist, dann geht er beim Verlassen Ihres Ladens schnurstracks zur Straßenbahn oder zu seinem Auto. Wenn dies nicht der Fall ist, dann hält er seinen Schritt bei der Tür an und schaut instinktiv ins Schaufenster, ob er nicht noch etwas Besseres gefunden hätte.

Sie können Ihrem Kunden helfen, sich gegen später auftretende Anfälle von Kaufreue zu wappnen: Geben Sie ihm ausreichend Argumente für seine Entscheidung mit auf den Weg. Die Versicherung, „Sie werden sicher viel Freude damit haben" oder „Sie haben sich für das Richtige entschieden!" reicht dafür nicht aus.

Er wird erklären müssen, *warum* er so viel Geld für eine ultramoderne Stereoanlage ausgegeben hat, wo es in den Augen der Ehefrau im Auto doch auch ein einfaches Radio getan hätte. Wenn Sie ihm seine eigenen Beweggründe noch einmal zusammengefasst und vergegenwärtigt haben, während Sie mit ihm bei der Kasse warten, bis das Kreditkartengerät seine Transaktion abgeschlossen hat, dann wird er auf die Frage der Ehefrau ganz automatisch antworten: „Liebling, ich fahre nicht nur auf der Autobahn, wo man zugegebenermaßen Mahlers Adagio nicht wirklich genießen kann, sondern ich stehe die meiste Zeit im Stau der Großstadt und dann reduziert das volle Musikvergnügen meinen täglichen Stress. Das habe ich mir doch verdient, nicht?"

Wenn die Freundin ätzt: „Da hast du dir aber ein gewagtes Kleid andrehen lassen. Wer hat dir denn dazu geraten?", wird die Kundin nur zufrieden lächeln, weil sie noch die Bestätigung der Verkäuferin im Ohr hat: „Ihre Freundinnen werden vor Neid platzen. Bei Ihrer guten Figur, warum sollten Sie die nicht betonen!"

Shopping ist Volkssport Nummer eins. Erfolgreich fühlt sich derjenige, der alles noch besser und billiger erjagt. Trotz der vielen Information, die ständig über uns zusammenschwappt, ist der Markt für den Einzelnen intransparenter denn je. Der Preis beruht in den seltensten Fällen auf den Herstellungskosten, sondern floatet im Kräftespiel von Angebot und Nachfrage. Dabei kann er aus den verschiedensten Marketing-Überlegungen aktionszeitig auch unter die Gestehungskosten sinken.

Damit wird der Shopping-Sport zum Glücksspiel. Es ist nicht verwunderlich, dass viele Kunden das Gefühl haben, ständig auf der Verliererseite zu stehen, und über die Richtigkeit ihrer Kaufentscheidungen verunsichert sind.

Dort liegt auch die Chance für den Aufbau langfristiger Kundenbeziehungen: Den Bestkauf schlechthin zu tätigen ist fast unmöglich. An seine Stelle tritt der Wunsch und die Bereitschaft, professioneller Beratung zu vertrauen und zu wissen, warum und wofür man sein gutes Geld ausgegeben hat.

Nehmen Sie das mögliche Auftreten nachträglicher Entscheidungs-Reue grundsätzlich ernst. Jeden befallen immer wieder die Zweifel: „Habe ich richtig entschieden?". Versorgen Sie auch sich selbst und Ihre privaten Gesprächspartner mit ausreichenden Gründen, damit solche Zweifel bereits im Entstehen verkümmern. Vorher gilt es sorgfältig abzuwägen, danach sind die Würfel gefallen. Ende der Diskussion!

Wenn wir tatsächlich einmal eine falsche Entscheidung getroffen haben, sollten wir uns der Erfahrung nicht verschließen. Hier geht es jedoch großteils um Entscheidungen, für die es kein objektives „richtig" oder „falsch" gibt. Zweifel zuzulassen oder sie gar noch zu nähren – „Ich weiß nicht, hätten wir uns nicht doch für Griechenland entscheiden sollen, statt den Urlaub in der Türkei zu buchen?" – verdirbt nur die Stimmung.

Wenn Sie sich mit Ihrer Familie für die Türkei entschieden haben, dann sammeln Sie Gründe dafür, dass dieser Urlaub für alle etwas bieten wird, und schüren so die Vorfreude. Schirmen Sie sich ab gegen gegenteilige Unkenrufe, die als selbsterfüllende Prophezeiungen lediglich Schaden anrichten können.

Die Umsetzung des Gedankens

Nehmen Sie sich die Zeit, Ihrem Gesprächspartner die Gründe für die Richtigkeit seiner Entscheidung noch mit auf den Weg zu geben – gerade wenn es sich dabei um einen Stammkunden oder einen Freund handelt. Wir verzichten gerne auf solche „Regeln eines guten Gesprächs“, weil wir glauben, sie in Gesprächen, die ohnehin ideal verlaufen, nicht zu benötigen.

Zu einem Stammkunden haben wir einen so guten Kontakt, dass wir ihn lieber über sein neues Auto erzählen lassen und uns die Zeit sparen, ihm zu wiederholen, warum er sich eben für einen herrlichen, aber sündteuren Kaschmirmantel entschieden hat. Geben Sie ihm Raum für seine Selbstdarstellung, aber vergessen Sie nicht die vorsorgliche Bekämpfung möglicher Kaufreue.

Im persönlichen Bereich sichern Sie eine Entscheidung damit erst so richtig ab. In der vertrauten Beziehung besteht ja doch die Gefahr eines Rückzugs: „Weißt du, ich habe es mir doch anders überlegt. Das verstehst du doch!“. Sie wissen dann meist ganz genau, wer da mitgespielt hat bei dem Gesinnungswandel. Bauen Sie dem doch vor und liefern Sie Ihrem Sohn, Ihrer Tochter, Ihrem Freund die passenden Argumente, um sich gegen herantretende Zweifel behaupten zu können.

47 Fortsetzung folgt – nicht?

Die Gewohnheit ist ein Seil.
Wir weben jeden Tag einen Faden,
und schliesslich können wir es nicht mehr zerreissen.
Heinrich Mann (1871 – 1950),
deutscher Schriftsteller

Die Gewohnheit, von der wir hier sprechen, ist gewünscht und gesucht und das Seil wollen wir auch gar nicht mehr zerreißen. Wir sprechen davon, wie man Seile zu Stammkunden, Freunden, Partnern – einfach zu Menschen knüpft, die man sich erhalten will.

Nicht der unmittelbare Umsatz, sondern die langfristige Kundenbindung ist die Krönung eines gut geführten Verkaufsgesprächs. Im persönlichen Bereich ist es die Akzeptanz und Zufriedenheit über das Gesprächsergebnis hinaus.

Damit dürfen auch die Bemühungen um den Gesprächspartner nicht mit dem Erreichen eines abschließenden „Ja“ enden.

Eine schreckliche Unart, leider aber weit verbreitet, ist die Gewohnheit ehrgeiziger Verkäufer, den Kunden nach erfolgter Kaufentscheidung abzuschieben – „Kassierst du …?“ – und die Ware vom Kollegen einpacken zu lassen, um bereits für den nächsten Kunden frei zu sein. Nach einem engagierten Verkaufsgespräch ist das für den Kunden, als würde man ihm einen Eimer kalten Wassers über den Kopf leeren.

Eine sensible Kundin drückte ihr Gefühl in dieser Situation einmal so aus: „Ich fühle mich dann wie von einem miesen Liebhaber missachtet und würde auf die Ware am liebsten einfach verzichten und das Geschäft verlassen. Man führt mir so deutlich vor Augen, dass man mir eigentlich nur etwas andrehen wollte. In dem Augenblick, da das unmittelbare Ziel erreicht ist, bin ich als Mensch abgeschrieben.“

Eine ungewöhnlich empfindliche Kundin? Ungewöhnlich ist vielleicht nur, dass sie es so bewusst erlebt und dementsprechend deutlich ausdrücken kann. Das Gefühl des plötzlichen „Liebesentzugs“ durch den Verkäufer fühlen die meisten, wenn auch großteils unbewusst, und die Stimmung sinkt.

Bei einem intensiven, sehr persönlichen Beratungsgespräch ist es durchaus angebracht, den Kunden mit einem Handschlag zu verabschieden, sich für das Gespräch zu bedanken – wohl gemerkt: für das Gespräch, nicht für den Umsatz –, seinen Namen zu nennen und/oder eine Visitenkarte zu überreichen.

„Wenn Sie weitere Wünsche haben oder Informationen brauchen, rufen Sie mich bitte an!“ Sagen Sie nicht, das ist überflüssig, weil der Kunde selbstverständlich weiß, dass er das kann und es ohnehin tut, wenn er es will. Auch bei Selbstverständlichkeiten ist es freundlicher, eingeladen zu werden.

Bereiten Sie das Wiederkommen vor – geben Sie dafür schon in diesem Augenblick einen Grund:

„Darf ich Sie in unsere Kundendatei aufnehmen? Wir informieren Sie dann über neue Aktionen …“, „Am 20. Juli feiern wir mit unseren Kunden unseren traditionellen Sommer-Cocktail. Darf ich Sie dazu einladen, Ihnen eine Erinnerungspostkarte senden?“

Schaffen Sie klare Anknüpfungspunkte, die mehr sind als ein allgemeines und unbestimmtes „Kommen Sie wieder!“.

„Ab nächster Woche gibt es frischen Spargel von Bauern der Umgebung. Rufen Sie an, ich reserviere Ihnen gerne *Ihren* Tisch.“ Spargelwochen haben viele, aber Sie bieten an, den Lieblingstisch zu reservieren.

„Schauen Sie doch nach Ihrem Urlaub einmal vorbei und erzählen Sie mir, wie es Ihnen gefallen hat.“ Als Mitarbeiter eines Reisebüros können Sie schwerlich bereits beim Urlaub Ihres Kunden im nächsten Jahr anknüpfen, aber Sie können Ihr Interesse an seiner Meinung und Zufriedenheit beweisen und auf diese Weise im Gespräch bleiben. Vielleicht gehört Ihr Kunde ja auch zu jenen, die sich zusätzlich öfter mal einen Tapetenwechsel gönnen und dazu interessante Reiseziele suchen.

So wie ein erfolgreiches Verkaufsgespräch erst mit dem Wiederkommen des Kunden endet, so sollten wir auch im privaten Bereich die Nachhaltigkeit des positiven Eindrucks sicherstellen.

Auch hier gilt es, ehrlich und individuell vorzugehen: Manchmal müssen wir dazu stehen, dass wir Menschen höchstwahrscheinlich nicht mehr wiedersehen werden, auch wenn uns für kurze Zeit ein besonderes Gemeinschaftserlebnis verband, wie dies bei Kursen, Seminaren, Urlauben oder auch spontanen Tischgemeinschaften der Fall ist. In diesem Fall hinterlässt die automatische Versicherung „Wir sehen uns wieder, ruf mich an!" ein schales Gefühl, weil es nur so dahingesagt ist und Ihnen und dem Gesprächspartner klar ist, dass an eine Fortsetzung der Begegnung nicht zu denken ist, weil Freundschaften zu leben auch Zeit bindet, die wir leider nicht beliebig zur Verfügung haben. Andererseits gehen Freundschaften, die wir eigentlich pflegen wollen, auseinander, weil die Anknüpfungspunkte nicht klar sind und wir nicht wissen, „wie", „wann", „zu welchen Aktivitäten" man sich wieder trifft.

„Fortsetzung folgt" zielt nicht nur auf ein Wiedersehen ab. Es geht hier ganz allgemein um die Knotenpunkte eines feinen Netzes menschlicher Beziehungen. Freund Hans hat Ihnen einen einfühlsamen Arzt empfohlen. Nach Ihrem Arztbesuch rufen Sie ihn kurz an und bedanken sich für die gute Empfehlung und lassen damit Ihrem Gespräch eine Fortsetzung folgen. Wenn Sie Susannes Kuchenrezept ausprobieren, melden Sie ihr: „Danke, ich war damit erfolgreich, es hat uns allen gut geschmeckt!"

Wie oft engagieren wir uns in Gesprächen mit Familie und Freunden an einer Aufgabenstellung und erarbeiten gemeinsam Lösungen. Wie selten allerdings bekommen wir das erwünschte Feedback* von unserem Gesprächspartner: „Es hat geklappt, unsere Lösung war richtig" – oder auch, „Ich hab's versucht, aber es war doch nicht die richtige Lösung, wir diskutieren das nächstens weiter." Ein paar Worte per E-Mail oder SMS sind ein sinnvoller Einsatz dieser oft so überstrapazierten Kommunikationstechnologie.

Private wie geschäftliche Beziehungen müssen gepflegt werden und dazu ist die präsente Gewissheit „Fortsetzung folgt" ein tröstlich positives Seil, das die Zusammengehörigkeit verstärkt.

Die Umsetzung des Gedankens

Wie können Sie Ihre Fäden knüpfen: im Beruf, im Privatleben? Welche Anknüpfungspunkte ergeben sich aus Ihrer ganz persönlichen Berufssituation?

Wie lassen Sie Ihr Verkaufsgespräch (sei es nun mit Käufern, Patienten, Kunden, die Ihre Dienstleistungen konsumieren, etc.) ausklingen?

Was geben Sie Ihrem Gesprächspartner mit auf den Weg?

- *Gute Wünsche?*
- *Den Dank für ein gutes Gespräch?*
- *Ihr Interesse an ihm über das abgeschlossene Gespräch hinaus?*
- *Eine – wenn auch vielleicht noch lose – Abmachung eines nächsten Gesprächs?*
- *Wie sichern Sie sich das Interesse des Gesprächspartners?*
- *Kennt er Ihren Namen (hat er Ihre Visitenkarte)?*
- *Kennen Sie seinen Namen, seine Adresse, um ihn schriftlich oder telefonisch ansprechen zu können?*
- *Weiß er, was Sie in Zukunft zu bieten haben werden?*
- *Haben Sie mit ihm eine Rückmeldung verabredet?*

Welche anderen Möglichkeiten ergeben sich aus der Besonderheit Ihrer individuellen Situation?

Denken Sie auch an Ihre persönlichen Gespräche. Wenn Sie erreicht haben, was Sie wollten, wie verhalten Sie sich gegenüber Freunden und Familie?

- *Geben Sie positive Rückmeldungen über das erreichte Ergebnis, wenn Ihnen jemand geholfen hat, und sagen Sie indirekt damit nochmals: „Danke"?*
- *Wenn Sie jemanden zu einer Verhaltensänderung überzeugen konnten, unterstützen Sie das erzielte Ergebnis dadurch, dass Sie das Bemühen Ihres Gesprächspartners für diesen auch deutlich wahrnehmen?*
- *Es gibt so viele Möglichkeiten, eine „Fortsetzung folgen" zu lassen, um weiterhin eine feine Verbindung zum Gesprächspartner aufrecht zu erhalten.*

Lasst uns die Begriffe klären, damit wir einander verstehen

*Abwehrmechanismen

Unsere Wünsche und Ängste können uns zu Taten hinreißen, die uns schaden. Gegenüber diesen Impulsen, die aus unserem Triebleben kommen, hat das Ich* – also die Instanz, die der äußeren Realität zugewandt ist – eine Reihe von Abwehrmechanismen entwickelt.

Mit der *Sublimierung* werden Triebimpulse auf Ziele abgelenkt, die ungefährlich und sozial anerkannt sind. Für manche Wünsche entdeckt das Ich eine *Rationalisierung*, einen nützlichen Sinn, der ihre Erfüllung rechtfertigt. Triebregungen, die besonders stark abgelehnt werden, lösen *Reaktions*bildungen aus. Sie werden dann geradezu umgekehrt: Aus Schmutzliebe wird Pedanterie, aus Grausamkeit wird Mitleid.

Eine Flucht stellt die *Regression* dar, bei der sich der Mensch auf eine frühere Entwicklungsstufe – meistens die frühe Kindheit – zurückzieht und gefühlsmäßig und sozial entsprechend verhält. Innere Konflikte können aber auch geleugnet werden, sie werden ins Unbewusste* *verdrängt*. Damit wird die Schwierigkeit allerdings nicht behoben, sondern nur in einen Bereich abgeschoben, wo sie unbeeinflussbar und unkontrolliert weiterschwelt.

*Ambivalenz

Doppelwertigkeit. Gegensätzliche Gefühle stehen nicht für sich allein, sondern können gleichzeitig nebeneinander bestehen.

Das kleine Kind erlebt die Ambivalenz unmittelbar. Erst allmählich lernt es, die positiven und negativen Gefühle voneinander zu trennen. Im bewussten Denken scheinen sie dann miteinander unvereinbar. Im Unbewussten dauert ihre Gleichzeitigkeit und Austauschbarkeit aber an, was sich in den ambivalenten Gefühlen während des Träumens zeigt.

*Antipathie

Abneigung gegen bestimmte Menschen, oft ohne dass man einen Grund dafür angeben könnte. So wie Sympathie – die unwillkürliche Zuneigung – entsteht die Antipathie oft durch Übertragung. Es werden unbewusst Erlebnisse aus der Vergangenheit herangezogen, um Menschen einzuschätzen, die man neu kennen lernt, weil sie in irgendwelchen Punkten an frühere Erlebnisse erinnern. Genauso ist es aber auch möglich, dass Menschen, denen wir mit Antipathie gegenübertreten, Eigenschaften krass ausdrücken, die wir in uns selbst unterdrücken.

*Assoziation

Gedankenverbindungen. Verschiedene Vorstellungen verbinden sich miteinander, weil sie zeitlich, räumlich zusammengehören oder weil die entsprechenden Worte sich ähneln oder auch weil sie Gegensätze darstellen. Aus der Aneinanderreihung solcher geistiger Verbindungen entstehen Assoziationsketten, entlang derer sich einzelne Vorstellungen auf die Assoziationen verschieben und als ursprüngliche Vorstellung aus dem Bewusstsein verdrängt werden. Aber man kann sie an der Kette, an die sie geknüpft worden sind, gleichsam wieder herausholen. Hierin liegt die Methode der „freien Assoziation", die Freud zu einem wichtigen Mittel der Psychotherapie und psychologischen Forschung gemacht hat.

*Authentisch/Authentizität

Authentizität im psychologischen Sinn bedeutet Echtheit, Glaubwürdigkeit und Übereinstimmung der Handlungen eines Menschen mit seinen Wertvorstellungen. Man fühlt sich authentisch, wenn Denken, Fühlen und Handeln übereinstimmen und man nicht irgendeinen Teil von sich als fremd, als „Das bin ich nicht" betrachtet.

*Brainstorming

„Gedankenblitz" – eine Kreativitätstechnik, durch Sammeln spontaner Einfälle der Teilnehmer an einem Brainstorming Lösungsmöglichkeiten zu sammeln. Dabei dürfen die gesammelten Begriffe und Sätze von den anderen Teilnehmern nicht kommentiert oder gar kritisiert werden, sondern sollen lediglich als Stichworte für eigene Assoziationen* und Ideen herangezogen werden. Die Beiträge der Teilnehmer werden ohne Wertung, maximal nach Themen geordnet notiert, um später damit weiterarbeiten zu können.

*Dialektik

Eine philosophische Arbeitsmethode, die ihre Ausgangsposition durch gegensätzliche Behauptungen (These – Antithese) in Frage stellt und in der Synthese beider Positionen eine Erkenntnis höherer Art zu gewinnen sucht.

In diesem Sinn ist die Dialektik auch eine Fertigkeit, den Diskussionspartner in Rede und Gegenrede zu überzeugen. Da diese Fertigkeit auch bis zum Exzess betrieben werden kann, wurde landläufig der Begriff „dialektisch" auch mit „haarspalterisch" und „spitzfindig" gleichgesetzt.

Dialektik ist dementsprechend eine Kunst der Verhandlungsführung, die auf die gegensätzliche Position des Gesprächspartners eingeht und bestrebt ist, unter Beachtung beider unterschiedlicher Meinungen, einen für beide Seiten akzeptablen Konsens zu finden.

*Empathie

Einfühlungsvermögen. Um die Gefühle eines anderen zu verstehen, muss man sich in die Lage des Mitmenschen einfühlen. Dies ist bis zu einem gewissen Grade möglich, weil eine Reihe seelischer Kräfte und Entwicklungen beim Menschen in ähnlicher Weise wirksam sind. Hinzu kommen Gemeinsamkeiten, die aus den Erfahrungen einer gemeinsamen Kultur, einer gleichartigen Umwelt bewirkt werden. Empathie ist ein Einfühlen, das noch eine distanzierte Beobachtung erlaubt und nicht mit Identifikation* zu verwechseln. Für ein harmonisches Zusammenleben ist Empathie sehr wichtig, weil sie die Übernahme neuer Aufgaben und Rollen in der Gemeinschaft erleichtert, weil man sich in deren Bedingungen einfühlen kann.

*Es – *Ich – *Über-Ich

„Es“, „Ich“ und „Über-Ich“ sind Begriffe aus der Psychoanalyse und bezeichnen Bereiche der Seele.

Das „Es“ steht für den ursprünglichen, tiefsten Bereich der Seele. „Es“ ist das Reich der Triebe, die von körperlichen Bedürfnissen mitbestimmt werden. Das „Es“ ist unbewusst (nicht gleichzusetzen mit dem „Unbewussten*“), die unmittelbare Verbindung zwischen Körper und Psyche. Vieles, was einmal bewusst war, wird als Quelle der Unlust verdrängt und gleichsam in das „Es“ hineingedrängt. Damit vergrößert sich der Bereich des Unbewussten*. Die widerstreitenden Kräfte, Instinkte, Veranlagungen, Empfindungen im „Es“ werden nicht als Gegensätze empfunden, sondern bleiben in der Ambivalenz*. Das „Es“ ist der Motor unseres Lebens, Zeit spielt hier keine Rolle.

Aus Teilen des „Es“ (dem Triebhaften) entwickelt sich das „Ich“, das über die Sinnesorgane Zugang zur Außenwelt hat. Das „Es“ ist unbewusst – das „Ich“ ist vorbewusst – d.h. es ist bewusstseinsfähig, reicht aber ins Unbewusste* hinein. Das Ich führt das Steuer unseres Lebens, es bedenkt die Realität und sucht Mittel und Wege, die Bedürfnisse des „Es“ gegen die Widerstände der Realität zu befriedigen.

Das „Ich“ vermittelt aber nicht nur zwischen „Es“ und Außenwelt, sondern hat auch noch eine dritte Instanz, das „Über-Ich“ zu bedenken. Es bildet sich nach den Vorbildern und Lehren der Eltern, vertritt die Gebote der Moral, entspricht dem Gewissen und setzt ein Ich-Ideal, eine Zielvorstellung, der das „Ich“ entsprechen möchte. Auch das „Über-Ich“ reicht tief ins Unbewusste* hinein.

*Feedback

Der Begriff Feedback oder Rückkoppelung entstammt der Kybernetik (Theorie der Steuerungs- und Regelungsprozesse in informationsverarbeitenden Systemen) und bedeutet im allgemeinsten Sinne, dass das, was von einem System an Wirkungen auf die Umwelt ausgeübt wird, auch Rückwirkung auf das System selbst hat.

Im zwischenmenschlichen Zusammenhang besteht Feedback in der Rückmeldung darüber, wie das Verhalten vom Gegenüber wahrgenommen und interpretiert wurde und welche Wirkung es bei diesem hat.

*Flow-Erlebnis

Dieser Begriff wurde von Mihaly Csikszentmihaly geprägt (Titel seines Buches aus dem Jahr 1975). Es wird definiert als die „optimale Herausforderung an das Können und Wissen eines Menschen und seine Absorption durch diese Aufgabe". Wenn Sie ein Kind beobachten, können Sie oft ein Flow-Erlebnis feststellen: Das Kind nimmt Sie nicht wahr, das Spiel zieht die gesamte Aufmerksamkeit des Kindes auf sich. Das Flow-Erlebnis besteht aus dem Verschmelzen von Handlung und Bewusstsein, das Zeitgefühl geht verloren, Selbstvergessenheit tritt ein. Das Flow-Erlebnis selbst ist jedoch zielgerichtet, Rückmeldungen über die Qualität der Handlung werden wahrgenommen.

*Freud'sche Fehlleistung

Sigmund Freud brachte 1901 unter dem Titel „Psychopathologie des Alltagslebens" ein Werk heraus, in dem er nachweist, dass Versprechen, Verhören, Verlesen, Vergessen und auch Verlieren keine zufälligen Fehlleistungen im Alltag darstellen, sondern ebenso durch das Widerspiel der psychischen Kräfte bestimmt sind wie jeder andere seelische Akt.

In den Fehlleistungen kommt ein unbewusstes Wollen zum Ausdruck, das die bewusste Absicht stört. Sie sind ein Hinweis auf einen inneren Widerstreit von Gefühlen und/oder Wünschen mit bewusst gesetzten Handlungen: So z.B. vergessen wir leicht Termine, Dinge, Handlungen, die wir nicht gerne tun. In Versprechern demaskiert sich oft unsere innere Einstellung („Wir wollen auf das Wohl unseres verehrten Chefs *aufstoßen!*").

Eine „Freud'sche Fehlleistung" bezeichnet somit eine Fehlhandlung, die auf einen inneren Zwiespalt zurückzuführen ist und diesen meist erst durch den erkannten Fehler bewusst macht.

*Gestaltwahrnehmung

Unser Bewusstsein strukturiert die Wahrnehmung von Einzelteilen, die unsere Sinne aufnehmen, und bildet daraus Gestalten. Die Seele ist ihrem Wesen nach auf Gestaltung schlechthin angelegt. Hochentwickelte Strukturen des Bewusstseins tendieren nach Geschlossenheit, Einheitlichkeit, Einfachheit, Regelmäßigkeit, nach Symmetrie und Eingliederung in die bevorzugten Raumrichtungen (senkrecht und waagrecht), kurz auf Prägnanz, auf das Optimum sinnvoller Gestaltetheit innerhalb der Sphäre des Anschaulichen.

Daraus ergibt sich das „Gesetz der guten Gestalt“ (Metzger, Psychologie 1941): „Immer ist das Bewusstsein so disponiert, dass in einem Beieinander von Wahrnehmungen vorzugsweise das möglichst Einfache, Einheitliche, Geschlossene, Symmetrische, sich in die Hauptachsen des Raumes Einfügende wahrgenommen wird.“

Ein Beispiel dafür sind z.B. die Sternbilder. Für den Betrachter entstehen „Bilder“ durch die Auswahl von Sternen, die sich am leichtesten zu einigermaßen „guten“ Gestalten zusammenfügen lassen.

*Identifikation

Der Vorgang, durch den man sich mit anderen Menschen oder einer Sache gleichstellt – eine Art seelische Ein-Verleibung, die aus der Entwicklung des Menschen zu verstehen ist. Das kleine Kind kann noch nicht zwischen sich und der Umwelt unterscheiden – es erlebt die Mutter als Teil seines eigenen Körpers. Erst später erfährt das Kind die Mutter als Objekt, dem es mit Liebe zugewendet ist.

Indem man sein Ich* mit einer anderen Person oder Sache gleichsetzt, verwischt man die eigenen Grenzen und gibt gleichsam einen Teil von sich auf und verzichtet zugleich auf wesentliche Züge seiner Individualität.

*Identität

Die innere Einheit eines Menschen, der sich als „Selbst“ erlebt und das Gefühl hat, „mit sich einig zu sein“, oder auch vollkommen in einer Rolle aufzugehen, die er in der Gemeinschaft spielt. Dieser Eindruck, „Das bin ich selbst“ wird gestört durch äußere Zwänge, durch Konflikte unterschiedlicher Wünsche und Bedürfnisse, Hemmungen und den Mangel an seelischen Beziehungen zu seiner Umgebung, so dass ein Gefühl der Entfremdung entsteht.

Es ist oft nicht einfach, die Identität gegen die Widerstände der Umwelt zu behaupten. Identifikation* mit anderen, übergroße Anpassung oder gar Flucht in Wahn und Rausch führen zu Identitätsverlust.

*Nullsummenspiel

Der Begriff stammt aus der mathematischen Spieltheorie und beschreibt das Verhalten von Teilnehmern an einem Spiel, dessen Gesamtergebnis null ist, indem die Pluspunkte eines Spielers nur durch die Minuspunkte eines anderen Spielers zustande kommen können.

Dieser Begriff hat jedoch auch in Volkswirtschaftslehre und Gesellschaftspolitik Eingang gefunden, weil Wettbewerbsdenken und ökonomische Modelle teilweise von dem gleichen Grundsatz ausgegangen sind, dass der Erfolg des einen Wirtschaftsteilnehmers nur durch den Misserfolg des anderen ermöglicht wird und letztendlich die Summe null sei.

In letzter Zeit setzt sich aber in allen Bereichen immer mehr die Erkenntnis durch, dass wir erfolgreicher sind, wenn wir von den Voraussetzungen eines Nichtnullsummenspiels ausgehen, wenngleich die Beschreibungsmodelle dadurch komplizierter werden.

*Sozialisation – Sozialisierung

Die allmähliche Einordnung des Menschen in die Gemeinschaft. Sie umfasst die Sprache, die Übernahme der kulturellen Werte und Normen einer Gesellschaft, darunter auch die jeweils gültigen Moralvorstellungen und regelt den Umgang mit den anderen.

Die Grundlage dieser Anpassung wird in der Familie gelegt. Hier erfährt das Kind, wie weit es sich unterordnen muss oder durchsetzen kann. Schon in den frühesten sozialen Beziehungen – zwischen Eltern und Geschwistern – muss man lernen, eigene Wünsche zurückzustellen und auf die Nächsten einzugehen.

Die Muster, die das Kind in der Familie lernt, bestimmen weitgehend sein Verhalten in späteren Gemeinschaften: im Kindergarten, in der Schule. Hier müssen weitere Regeln neu gelernt werden, wie sie für Beziehungen zu Menschen gelten, die zunächst fremd sind. Ebenso fördert unter anderem die Schule die notwendige Ablösung von der Familie.

Jede Sozialisierung vermittelt nebeneinander unterschiedliche Inhalte (schon Mutter und Vater vermitteln oft unterschiedliche Werte und Gebote). Die Wirkung und Aufnahme dieser Inhalte hängt von der Anlage des einzelnen Menschen ab und daher ist das Ergebnis nicht einfach voraussehbar.

*Spontaneität

Die Fähigkeit zu Handlungen ohne kritisches Zögern. Die unmittelbare Reaktion auf innere Triebe und äußere Herausforderungen bringt zwar die Gefahr von Fehlleistungen mit sich, bewirkt jedoch eine tiefere Befriedigung. Sie befriedigt eher das Gefühl, man folgt dem ureigensten Wesen. Besonders schöpferische Leistungen – Kreativität und Künstlerisches – scheinen abhängig von einem Zugang zu den spontanen Impulsen, zum Unbewussten* oder Es*.

Vieles, was wir für spontan halten, stammt nicht aus ursprünglichen Regungen, sondern wird durch Hemmungen oder Komplexe bestimmt, deren Ursachen wir nicht kennen. Das gilt z.B. für Kurzschlusshandlungen, Handlungen in Spannungssituationen, die ohne Rücksicht auf die Folgen nur einfach einen Ausweg aus der unerträglichen Situation bringen sollen.

*Stereotypie

Das Wiederholen von sprachlichen Äußerungen, motorischen Abläufen oder Verharren in immer der gleichen Haltung über einen längeren Zeitraum. In seiner exzessiven Ausprägung ist es ein Krankheitsbild beispielsweise bei Schizophrenie, kann sich aber auch in gemilderter Form bei psychisch gesunden Menschen einschleichen. Dann handelt es sich meistens um ein beharrliches Festhalten an eingelernten Verhaltensweisen aus Unsicherheit, Einfalls- und Interesselosigkeit. Auch bei Müdigkeit und Überforderung neigen wir dazu.

*Suggestion – Fremd- und Autosuggestion

Die Beeinflussung von Gefühlen und Willen im Wachzustand. Die Selbstsuggestion (Autosuggestion) ist der Kern des Autogenen Trainings, das der deutsche Psychiater J. H. Schultz als Verfahren der Psychotherapie entwickelt hat. Durch ständige und willentliche Behauptungen kann man Körper und Psyche zu dem gewünschten Zustand hinführen: z.B. „Es geht mir jeden Tag besser und besser!"

In der Fremdsuggestion sollen andere Menschen beeinflusst werden, ebenfalls durch ständige, gleich bleibende Behauptungen. Weder derjenige, von dem die Suggestion ausgeht, noch die, die ihr verfallen, müssen dabei erkennen, welche Bedürfnisse und Gefühle angesprochen werden.

Politische Propaganda und kommerzielle Werbung sind Bereiche klassischer Fremdsuggestion.

*Unbewusste

Es umfasst alle unsere Tendenzen, Wünsche und Instinkte. Es steht außerhalb der Moral und weiß ganz einfach nichts von deren Existenz. Das Unbewusste ist zeitlos, es kennt keine Vergänglichkeit. Hier bleibt alles erhalten, was einmal war. Neue Eindrücke überlagern die alten, ohne sie zu zerstören. Es ist weitgehend an Bilder gebunden, die es jedoch nicht logisch miteinander verknüpft, sondern aneinander reiht, wie es in Assoziationen* geschieht. Es wertet nach dem gefühlsmäßigen Gewicht.

Ins Unbewusste sinken aber auch viele Erfahrungen ab, die einmal bewusst erlebt worden sind. So wird z.B. ein Konflikt, der schmerzlich erlebt wurde, verdrängt. Ein heftiger Widerstand gegen die Erinnerung hält ihn in dieser Verdrängung fest. Er bleibt so, wie er ursprünglich erlebt wurde, auch wenn sich die äußeren Verhältnisse inzwischen gewandelt haben und der Konflikt nicht mehr die Bedeutung zu haben brauchte, die er immer noch im Unbewussten einnimmt.

Andererseits drängt Vergessenes ständig zurück ins Bewusstsein. Da es Widerstände gegen die Erinnerung gibt, meldet es sich in zumeist unverständlichen Assoziationen*, in Fehlleistungen* und Träumen, sowie auch in Symptomen von psychischen Störungen. Diese Botschaften des Unbewussten lassen sich mit den Mitteln der Psychoanalyse entschlüsseln.

*Visualisieren

Bedeutet ganz allgemein, etwas optisch betonen und herausstellen bzw. bildhaft lebendig machen. Gleichzeitig ist es auch eine wirkungsvolle Kreativtechnik und unterstützt die Autosuggestion*. Das Denken Erwachsener ist großteils begriffliches Denken, d.h. wir denken in sprachlichen Ausdrücken und Zusammenhängen. Damit schränken wir unser Denken aber auf sprachlich umsetzbare Inhalte ein.

Visualisieren macht sich das ursprüngliche, kindlich bildhafte Denken zunutze, um damit die genannten Grenzen zu sprengen, die das sprachliche Denken setzt.

Als Mittel der Autosuggestion* bedeutet „Visualisieren" die bildhafte Vorstellung von erwünschten Situationen, das Hineinleben in eine konkrete Wunschszene unter Einbeziehung aller Sinne: Sie stellen sich vor, wie Sie mit einem Vortrag Ihre Zuhörer mitreißen und unter donnerndem Beifall auf dem Rednerpodium stehen. Sie spüren dieses glückselige Gefühl der Überlegenheit, Sie atmen befreit und ruhig durch, Sie sehen die bewundernden Gesichter im Auditorium, Sie hören Ihre(n) Partner/Partnerin im Hintergrund flüstern: „Ich bin ja so stolz auf dich!". Im Genießen dieser Visualisierung verschwimmen in Ihrem Unbewussten* die Grenzen von Realität und Wunschvorstellung und es baut sich die Zuversicht auf: So wird es sein.